集成学习及其在动态数据挖掘中的应用

杨云 王硕 郭竞 杜飞 汪佩 著

科学出版社

北京

内 容 简 介

本书基于作者多年来在动态数据挖掘方面的研究成果,全面系统地总结了集成学习及其在动态数据挖掘领域的基础理论与实际应用方面的最新研究,引导读者从理论到实践再到应用,由浅入深地学习如何将集成学习应用于动态数据挖掘领域。本书从理论研究基础和代表性方法的角度介绍集成学习的基础知识,并针对时间序列和数据流两种不同类型的动态数据及其在挖掘过程中涉及的基本概念与理论进行介绍,最后集中讨论集成学习在动态数据挖掘中的热门方法和应用场景。

本书不仅可供数学和统计学相关专业的学生和研究人员阅读,还可供研究动态数据挖掘和集成学习方法的专业科研人员参考。同时,本书也可作为计算机科学与技术、人工智能等相关专业本科生及研究生的教学用书。

图书在版编目(CIP)数据

集成学习及其在动态数据挖掘中的应用 / 杨云等著. -- 北京: 科学出版社,2024. 11. -- ISBN 978-7-03-079193-1

Ⅰ. TP181;TP311.131

中国国家版本馆 CIP 数据核字第 2024G8C300 号

责任编辑:孟 锐 / 责任校对:彭 映
责任印制:罗 科 / 封面设计:墨创文化

科 学 出 版 社 出版

北京东黄城根北街16号
邮政编码:100717
http://www.sciencep.com

成都锦瑞印刷有限责任公司 印刷
科学出版社发行 各地新华书店经销

*

2024 年 11 月第 一 版 开本:787×1092 1/16
2024 年 11 月第一次印刷 印张:7 1/2
字数:178 000

定价:108.00 元
(如有印装质量问题,我社负责调换)

前　言

动态数据指在时间维度上具有动态性的数据，其会随着时间的推移而产生，并随时间发生性质、分布等变化，主要分为时间序列(time series)和数据流(data stream)两类。动态数据挖掘旨在利用一系列数字化、智能化、信息化技术，充分考虑数据在时间维度上的动态变化特性，自动地提取隐含在海量动态数据中的深层信息和知识，作出归纳性的推理，以探索有价值的规律或挖掘出潜在的模式，帮助决策者进行快速、精准决策，从而更有效地服务于零售、金融、通信以及医疗服务等领域。然而，数据的海量、高维、动态与噪声等特性，使得动态数据挖掘仍面临着巨大挑战。集成学习技术通过利用或组合多个学习器可有效提升模型在复杂任务上的性能，这被视为一种可有效适应数据"动态性"变化的方法，在时序数据分析与数据流挖掘等领域得到了广泛的应用。近年来，作者一直从事集成学习及动态数据挖掘方面的研究和教学工作，形成了一套理论化、系统化、规范化、实用化的研究体系，为了对集成学习及其在动态数据挖掘领域的基础理论与实际应用的最新研究成果进行系统总结，作者撰写了本书，以进一步促进广大读者对相关理论和技术的了解与掌握。

本书从理论、实践与应用三个主要方面对相关技术和方法进行介绍：第 1、2 章从理论研究基础和代表性方法的角度介绍集成学习的基础知识；第 3 章针对时间序列和数据流两种不同类型的动态数据挖掘过程中涉及的基本概念与理论进行介绍；第 4、5 章集中讨论集成学习在动态数据挖掘中的热门方法和应用场景。同时，本书的研究得到了国家自然科学基金项目(62366055)和云南省基础研究计划重大项目(202401BC070006)以及重点项目(202201AS070131)的支持，在此一并表示感谢。

由于作者水平有限，书中难免存在不足之处，恳请各位读者不吝赐教，不胜感激。

主要符号表

符号	含义
D	数据集
$\mathcal{D}$	数据分布
$\mathcal{X}$	特征空间
$\mathcal{Y}$	标记空间
x	数据特征
y	类标或标签
$\mathcal{H}$	假设空间
H	假设集
h	假设
$\mathbb{E}$	数学期望
L	学习算法
$\mathbb{I}$	指示函数
$\{\cdots\}$	集合
$(\cdot,\cdot,\cdot)$	向量

目　　录

第1章 绪　　论

1.1　数　据　挖　掘

随着农业时代和工业时代的落幕，第三次文明浪潮——信息时代正以迅猛的势头袭来，掀起了新一轮全球性、持续性的科技革命和产业变革。数据作为承载信息的基本单元，可通过文本、符号、数字、图像、视频、音频等形式，从不同维度对客观事物的性质、状态以及关系等进行记载。例如，购物网站的历史订单、搜索内容，电子病历报告中的症状、体征或银行系统中的用户资产、负债情况等。如今，随着数据采集和存储技术的日益成熟，互联网、传感器以及各种数字化终端设备不断普及，使得数据呈爆炸式的指数级增长。据国际数据公司(International Data Corporation，IDC)统计报告显示，到 2025 年，全球每天将会产生 491EB[①]的数据，而全年产生的数据将增长至 175ZB[②]，如果把这些数据全部存储在 DVD 光盘中，那么这些光盘叠放起来的高度将是地球和月球距离的 23 倍或是绕地球220 圈。然而，如果缺乏有效的处理和分析手段，数据自身难以完成信息或知识转变，更不能为人类的生产生活带来任何效率上的提升，反而会加剧存储设备的负担，仅仅是"沉睡"在计算机系统中的一串冗长的二进制字符。在传统情况下，数据到信息的转化依赖于人工的经验主义分析，专家通过将日积月累所获得的知识应用于其所熟知的领域中，从而将信息和知识从有限的数据中提取出来。但是，这种人工的数据分析方式存在一定的主观性，且在当今的大数据时代不仅面临着来自时间成本和劳动力成本的挑战，数据量的不断上升还会使得专家无法实时从海量的数据中获取新的知识，导致过去学习到的知识难以对新数据进行更深层次的知识与模式挖掘。因此，如何将数据更有效地转化为有用的知识，从而发现客观事物的隐含规律，成为释放数据价值、取得更大经济效益和社会效益的关键步骤。

数据挖掘(data mining)的概念最早可追溯到 20 世纪 80 年代。1989 年在美国底特律召开的第 11 届国际人工智能联合会议的专题讨论会上首次提出了数据库知识发现(knowledge discovery in databases，KDD)这个术语，在之后衍生并创建了数据挖掘领域的国际顶级学术会议 KDD。Fayyad 等(1996)将 KDD 定义为一种将低级数据转换成更精简(compact)、更抽象(abstract)或更有用(useful)形式的技术流程。数据挖掘作为 KDD 过程中的一个重要组成部分，指通过利用一系列数字化、智能化、信息化技术，自动地处理和分析实际生产生活中采集到的数据，从而提取隐含在海量数据中的深层信息和知识，作出

---

① 艾字节(Exabyte)，1EB=1.1529×10^{18}B。
② 泽字节(Zettabyte)，1ZB=1024EB。

归纳性的推理,从中探索有价值的规律或挖掘出潜在的模式,减少人工主观分析所带来的风险,帮助决策者进行快速、精准的决策。

从处理流程出发,数据挖掘可大致分为三个主要步骤:数据准备、规律寻找和规律表示。①数据准备是指从相关的数据源中选取所需的数据并整合成可用于特定任务挖掘的数据集的过程,该过程涉及如何从海量数据中获取高质量的数据源、数据标注、数据预处理等工作,例如,利用智能手环或手表记录人体活动数据,通过佩戴动态心电图仪获取患者心电活动,记录购物系统中的用户消费数据等过程。数据准备的充分性是进行一切数据挖掘工作的基础,这是因为想要挖掘出有用的知识就需要数据自身也具有一定的价值,数据越能准确地反映其真实的分布、数据噪声越小,往往越能进行更精准、更有效的数据挖掘。②规律寻找是用某种特定方法将给定数据集中的规律或是有利于特定任务解决的知识学习出来的过程,传统规律寻找主要利用统计学的方式来进行数据分析。近年来,以机器学习(machine learning)为代表的人工智能技术得到突飞猛进的发展,通过计算机模拟或实现人类的学习行为模式,使机器从给定的数据中获取到新的知识或技能,并重新组织已有的知识结构使之不断改善自身性能的方法,已逐渐成为数据挖掘领域的核心。③规律表示是尽可能将找出的规律或知识以一种可视化或易于理解的方式进行表示的方法,随着数据挖掘覆盖领域的不断扩大,对于规律的表示已不再局限于数字或表格的形式,而是更多地借助图形、图像处理,计算机视觉和用户界面,通过表达、建模以及对立体、表面、属性与动画的显示形式,生动形象地对数据挖掘的结果加以可视化解释。

根据所解决的任务不同,数据挖掘大致可以分为聚类(clustering)、分类(classification)和回归(regression)三个大类。

(1)聚类:一种非监督学习(unsupervised learning)方法,主要针对的是样本标签缺失的数据集,按照某个特定的标准(如距离)把一个数据集分割成不同的类或簇,使得同一个簇内的数据对象的相似性尽可能大,同时使不在同一个簇中的数据对象的相似性尽可能小,即同一类或具有相同性质的数据尽可能聚集到一起,不同类数据尽量分离。由于数据的标注速度已远远无法赶上数据的生产速度,大量无标记样本快速堆积,聚类算法为这部分数据的分析提供了可能性,但聚类并不能反映具体的类别归属,而是对数据样本之间的相似性进行挖掘。

(2)分类:一种监督学习(supervised learning)方法,主要针对的是样本标签为离散值的数据集,通过利用分类算法从带标签的数据集中学习数据的样本属性与其对应标签之间的映射关系,将数据集中的每个样本归类到一个特定的标签类中,并希望学习到的映射关系不仅可以判断已有训练集的类别归属情况,还能对未来的测试数据进行精准归类。分类在实际的生产生活中有着广泛的应用,可以对数据进行“分门别类”,然而分类算法依赖大量的标记样本作为训练集,在某些特定领域,数据的标注信息稀缺甚至缺失,导致该算法在实际应用中存在一定的限制。

(3)回归:与分类相似,均归属于监督学习的范畴,但是回归主要针对的是样本标签为连续值的数据集,通过设定因变量(样本属性)和自变量(标签)之间的因果关系来建立回归模型,并根据实测数据来求解最优模型参数,最后通过对实测数据的拟合性来评判回归模型的好坏。回归模型学习到的是数据的变化规律,即样本属性的变化是如何影响目标值的变动的。与分类相比，两种方法均建立了一种数据的属性到标签之间的关联关系，但回归是用于学习可反映数据变化规律的最优拟合函数，分类问题则用于寻找最优决策边界。

经过数十年的发展，数据挖掘逐渐从一个模糊的概念发展成为一种以统计学、计算机科学、大数据、人工智能、模式识别、机器学习等技术作为底层基础理论支撑，面向实际应用转化的多学科交叉研究。在现实生活中，数据挖掘已在零售业、制造业、财务金融保险、通信业以及医疗服务等领域得到非常广泛的应用。例如，从销售数据中发掘顾客的消费习性，并利用交易记录找出顾客偏好的产品组合，找出流失顾客的特征与推出新产品的时机点等；利用数据挖掘分析顾客群的消费行为与交易记录，并根据品牌价值等级的高低来区隔顾客，达到差异化行销的目的；金融行业可利用数据挖掘来分析市场动向，并预测公司的营运以及股价走向；医学领域利用数据挖掘来预测癌症患者的肿瘤预后指标，以精确筛选不同死亡风险人群等。如何进行普适性更强的数据挖掘应用，从而将海量数据创造出更多有用的价值、更有效地服务于人类的生产生活，成为当下数据挖掘领域的热门话题。

1.2　动态数据挖掘的定义

随着数以万计的科研工作者投身于数据挖掘领域的研究，其算法精度不断提升、处理速度显著加快、应用广度逐渐扩大，数据挖掘的研究已不再局限于简单的静态数据挖掘(static data mining)，即用于处理和分析的数据、分布等不受时间影响的形式，而是向更为复杂、更符合真实应用场景的动态数据挖掘(dynamic data mining)转变。人们将在时间维度上具有动态性的数据统称为动态数据，并将对动态数据进行数据挖掘的过程统称为动态数据挖掘，其中，数据的动态性体现在数据是随着时间的推移而产生的，并随时间的改变发生性质、分布等变化，主要分为时间序列(time series)和数据流(data stream)两类。

1.2.1　时间序列的基本概念

时间序列是一种重要的数据类型，是由客观对象的某个物理量在不同时间点的采值按时间顺序排列成的序列数据，其客观记录了所观测的系统在各个单位时间点上的状态值。时序数据在实际应用中普遍存在，例如，金融领域的每日股票价格与成交量，工业领域的设备过程变量，医疗领域的患者体征数据，农业领域的作物年产量，气象领域的年降水量与干旱指数等。这些数据都具有一个共同的特点，就是数据的顺序及大小都蕴含着客观世界的规律及其变化的信息，表现事物随着时间推移而动态变化的过程，其典型特征是相邻观测值之间存在着上下文或是时间近邻上的相互依赖。而时间序列分析的主要目标就是通过挖掘时间序列观测值在时间属性上的相互依赖关系，帮助人们认识观测序列随时间而产生的机制，并基于该机制结合序列的历史数据和其他相关序列或因素，促进相关任务的完成(Chatfield，2003)。

时间序列分析与建模的研究最早可以追溯到 20 世纪 20 年代，由英国统计学家 Yule

在 1922 年首次提出的自回归(auto regressive,AR)模型,该模型被用于处理和分析随时间记录的经济数据,被认为是最早的时间序列分析方法。该模型与英国统计学家 Walker 在 1931 年提出的移动平均(moving average,MA)模型和 ARMA 模型,共同构成了时间序列分析的基础,至今仍被大量应用。而 Box 和 Jenkins 等发表的 *Time Series Analysis:Forecasting and Control* 则被认为是时间序列分析发展的里程碑,它系统性地介绍了对时间序列进行分析、预测以及对模型识别、估计和诊断的相关工作(Box et al.,2015)。近年来,随着机器学习技术的发展,时间序列分析的理论和方法得到了进一步的完善,这使得相关研究在工业、医疗、金融等实际应用领域得到了更加广泛的推广。然而,由于时间序列数据特征往往隐藏在不同时间片段中,这大大提高了时间序列数据的分析难度,使得对该类型的数据进行分析时需应对以下挑战。

(1)数据维度高。由于需要根据特定频率、长时间记录观测系统的状态值从而更好地挖掘出数据随时间进展而呈现出的变化规律,因此,时间序列往往具有较高的特征维度。这会造成数据的分析与处理往往会占用大量的计算空间,许多机器学习算法难以在有限的计算资源以及时间资源内完成相关任务的处理和分析,提升了算法的计算复杂度,另外,由维度升高导致的数据分布稀疏性上升,模型对于数据的学习性能严重下降(Marteau,2009)。

(2)数据噪声大。噪声问题是所有机器学习算法的共同难题,而由于大部分时间序列数据来自实际应用,其采集过程容易受到各类因素的影响,因此离群值与偏移值等噪声出现的频率较高。错误和噪声可能会混淆机器学习算法的学习过程,从而导致错误模式的衍生(Ye et al.,2011;Baydogan et al.,2016)。

(3)数据不充分。时间序列的实际数据采集过程中可能会出现设备故障、采集不当等造成的数据缺失、类别不平衡等数据不充分现象。当时间序列的整体数据质量降低,即面对不完整的时间序列或是时间序列数据集本身具有类别不平衡问题时,学习得到模型的可靠性往往会受到质疑(Cao et al.,2013;Mikalsen et al.,2018;Li et al.,2020)。

(4)数据时间依赖跨度未知。尽管时间序列对时间变量具有明确的依赖性,且在时间维度上具有一定的顺序,但是这种依赖的时间跨度往往是未知的。然而,为了更好地捕获时间序列的动态信息,对时间序列依赖性的时间跨度进行有效定义具有重要的意义(Lin et al.,2018;Gong et al.,2019)。

1.2.2 数据流的基本概念

数据流是指一组连续到达、高速产生、大量且动态变化的数据。一般情况下,数据流可视为一串随时间延续而无限增长的动态数据集合,早在 1998 年,数据流就作为一种数据类型被提出来(Henzinger et al.,1998),并逐渐引起了广大研究者的关注。由于在许多领域中的数据往往是随着时间源源不断、批量产生的,如网络数据、金融数据、传感数据和电网数据等,需要算法在不同的时间节点对到来的新数据进行实时的学习以进行模型的更新,从而更快、更优地服务于人类对数据中知识和信息的实时获取。因此,数据流作为一种更符合实际生产生活情况的数据形式,成为动态数据挖掘领域的研究重点。相较于传统的静态数据，该类型的数据具有以下特点。

（1）实时性。数据随着时间的推移连续、快速地产生，且数据产生的速度和频率仅与时间属性相关。例如，随着工业系统的复杂性提升，系统各组成部分耦合程度加大，生产过程质量控制、工业过程运行维护、事故监测与预报等过程监测与故障诊断问题数量明显增加，这使得工业异常检测具有重要的研究价值。然而，在工业领域的监控过程中，温度、流量、液位、压力、成分等过程变量往往是实时产生，并随时间的推移动态变化的。因此，要想保证在实际应用中实时、在线的信息获取，就需要模型能够精准、快速地做出响应（Cohen et al.，2008；Simão et al.，2017）。

（2）海量性。由于数据在时间维度上的无限延伸性，数据量往往是呈指数级堆积的，难以将数据流中的所有数据都存储在内存中进行统一处理和分析。例如，大型商场的监控系统需要全天、全时段对不同的场景进行监控和记录，通常情况下，采用通用影像传输格式（common intermediate format，CIF）进行视频存储，单路视频存储 1 天可达 5.4GB。而在有限的存储资源条件下，数据库会对一段时间内的数据进行定期的数据清理，难以对长时段的数据进行存储。因此，需要模型能够在原有的学习基础上，根据新获得的数据进行动态的模型更新，以降低对存储空间的需求，更有效地服务于实际应用（Golab et al.，2003；Silva et al.，2013）。

（3）动态变化性。数据在不同批次的生成或是采集的过程中存在的差异会导致数据流随着时间的推移发生变化，即数据漂移（data drift）或概念漂移（concept drift）。其中，数据漂移是一种数据分布随着时间的改变出现差异的情况，该分布的变化不会影响模型的整体预测趋势，而是在样本的多样性增加之后，历史模型对当前数据的预测性能降低的现象；而概念漂移则是原有数据与任务之间的关系或模式随着时间的改变而不再成立，例如，随着季节的改变，在线商店中的客户行为呈现出较大的变化，该变化会影响历史模型的判断模式。因此，模型需要具备随着时间的推移自动检查并适应这些变化的能力，从而时刻保持良好的性能指标（Sun et al.，2016；Wang，et al.，2018）。

（4）标签稀缺性。由于数据的实时性，数据的标签获取非常昂贵甚至在某些情况下无法获得。例如，传统信用卡欺诈检测依赖专业人员对 IP 地址、地理位置、设备标识、历史交易模式和实际交易信息等进行全面分析从而对可疑行为的类别、集群和模式进行数据标注，这导致实时获取到的数据的标注工作是困难的。标签标注工作的滞后，导致在实际应用中，训练数据的获取困难。此外，不同类别的数据获取和标注困难导致严重的类别不平衡现象的产生。因此，如何克服有限的标注数据并在类别不平衡的情况下进行模型实时更新与训练成为一个具有重要价值的研究问题（Haque et al.，2016；Wagner et al.，2018）。

时间序列和数据流的主要共性在于两种数据均隐含了数据在时间维度上的动态变化特性，不同点在于时间序列的动态性更强调的是挖掘观测值在时间维度上的相互依赖或关联性，而数据流的动态性则是数据整体的分布随着时间的推移发生变化。作为两种具有时间属性的典型数据，其研究和发展极大地丰富了传统数据挖掘的单一模式，使得越来越多的学者关注可高效处理时间维度上数据动态变化特性的算法研究，为数据挖掘和机器学习领域带来了全新的机遇与挑战。

1.3 集成学习方法

集成学习(ensemble learning)是一种机器学习范式,旨在通过利用或组合多个学习器来共同促进学习任务的完成,也称为基于委员会的学习(committee-based learning)或多分类器系统(multiple classifier system)。根据 Wolpert 在 2002 年提出的"没有免费的午餐定理"(no free lunch theorem)(Wolpert,2002),在复杂实际应用场景中,难以找到一个通用的算法或模型在所有情况下保持最优。因此,集成学习认为传统从给定的数据中学习单一假设的普通机器学习方法是不全面的,而是通过构建多个假设并将它们进行有效组合,以达到模型在面对复杂任务时性能提升的目的(Zhou,2012)。集成学习自 1990 年以来,不断有基础理论层面的突破,Hansen 和 Salamon 在 1990 年的一篇具有代表性的文章中指出,将一组分类器组合起来预测的结果通常比单个最优分类器的准确率(accuracy,Acc)要高(Hansen et al.,1990)。同年,Schapire(1990)在理论上证明了弱学习器可以通过多次构建,逐渐"提升"为强学习器,并在此基础上衍生出大量集成学习领域的经典算法,如装袋(bagging)法、提升(boosting)法和堆叠(stacking)法。

集成学习基本框架如图 1.1 所示,可分为两个主要步骤:①根据训练数据训练一组学习器,其中每个个体学习器也称为基学习器(base learner),这些基学习器的学习可以通过并行或串行的方式产生;②将训练后的基学习器通过融合函数合并为一个复合学习器,并将基学习器的输出进行合并,以得到模型的最终预测结果。因此,集成学习的核心思想是训练"好而不同"的学习器,即在保证单个学习器性能提升的同时增加各个学习器之间的多样性,从而达到"众人拾柴火焰高"的目的。

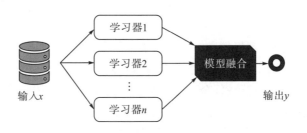

图 1.1   集成学习基本框架

考虑到集成学习在构建多个学习器时会增加计算成本,包含多次模型选择(model selection,MS)、参数条件和模型训练等,Dietterich(2000a)将集成学习的优势从统计、计算和表示能力三个方面进行了总结,如图 1.2 所示。

(1)从统计方面看,在机器学习领域通常将学习器通过对数据进行挖掘得到的知识称为假设,这些所有可能的假设组成的空间称为假设空间。而机器学习的最终目的就是通过对数据进行学习,从所有假设空间中找到与真实情况最相近的假设空间。然而,当训练样本不充分的时候,学习得到的假设空间非常大,甚至会出现多个不同的"有偏"假设在训练集上取得相似性能的情况，从而导致从该部分假设中难以选出一个最优的假设。而通过利用集成学习的思想，可以将多个"有偏"的假设进行平均来更好地逼近最优假设，从而有效降低模型的错误风险。

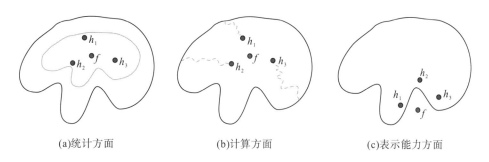

(a)统计方面　　　　　　　　(b)计算方面　　　　　　　(c)表示能力方面

图 1.2　集成学习的三个主要优势

(2) 从计算方面看，许多学习算法的工作流程是通过使用局部搜索的方式去寻找最优解。然而，算法在进行最优搜索的时候容易陷入局部最优解的情况，如神经网络的梯度下降(gradient descent)法和决策树(decision tree，DT)的贪心算法(greedy algorithm)。在这些算法中，往往需要大量的训练数据在假设空间中寻找最优假设，这无疑会加大计算的量级。而通过集成学习，利用多个模型在假设空间的不同区域或起点进行搜索，分散单一模型容易陷入局部最优的风险，可使得最终集成的模型更接近真实的假设，以此提升模型的整体性能。

(3) 从表示能力方面看，在许多复杂的实际应用问题中，其潜在的真实假设是难以被假设空间中的任何单一的假设所表示的。然而，集成学习通过将多个假设进行有机整合，可有效扩大假设空间，这使得结合后的函数更加逼近真实假设。

数据的动态性是造成传统机器学习算法在动态数据挖掘上失效的主要原因：从统计因素来说，数据会随着时间的推移而变化，这使得模型的最优假设通常也会随之改变，这会造成学习得到的假设都是"有偏"的；从计算因素来说，动态数据的高维性、不充分性等都是造成学习算法陷入局部最优解的主要原因，这导致模型的性能难以得到进一步的提升；从表示能力因素来说，面对实际应用中的复杂、动态数据，尤其是当概念漂移现象发生时，在所有的假设空间中是不包含真实假设的，这造成模型的性能出现高偏差。因此，集成学习被视为一种可有效适应数据"动态性"变化的算法，已在时序数据分析与数据流挖掘等领域得到了广泛的应用(Chu et al.，2004；Bifet et al.，2009；Yang，2016；Gomes et al.，2017；Krawczyk et al.，2017；Sagi et al.，2018)。

1.4　关　于　本　书

本书以集成学习作为核心技术手段，全面、深入地探究相关技术在动态数据挖掘领域的理论、实践与应用。第 1 章给出动态数据挖掘、集成学习的定义和简单介绍。第 2 章介绍集成学习的基本概念与算法，让读者们掌握集成学习的基本模型构建方法与通用的模型融合方法，并了解基学习器之间的多样性度量方式。第 3 章介绍动态数据挖掘的基本概念与算法，从动态数据表征的不同方法出发，对于时间序列与数据流的相似性度量方法进行介绍，最终回归到动态数据的挖掘任务。第 4 章介绍集成学习在时间序列数据挖掘中的应用，通过对时间序列数据挖掘的基本概念进行定义之后，从聚类、分类和回归三种不同的任务对集成学习在时间序列数据挖掘中的方法进行介绍。第 5 章介绍集成学习在数据流挖掘中的应用，通过对数据流挖掘的基本概念进行定义之后，从静态数据流和动态数据流两种不同的数据流类型出发，对增量集成学习算法和在线集成学习算法进行详细介绍。

第 2 章　集成学习的概念与算法

集成学习的思想最早可追溯到 20 世纪 60 年代,是指通过训练和组合多个相对简单的机器学习模型(基学习器)来解决复杂学习任务的方法。基于"多个专家模型的判断通常优于单个专家"的假设,集成学习得到了快速发展,并有大量经典集成学习模型被提出和改进,如 Bagging 算法(Breiman,1996)、随机森林(random forest,RF)(Breiman,2001)、AdaBoost 算法(Freund et al.,1997)和堆叠泛化模型(Wolpert,1992)等。集成学习具有组合方式灵活、可扩展性高等特点,可针对不同的机器学习问题和任务进行模型的设计,近年来已被广泛应用于半监督学习、主动学习(active learning)、迁移学习、类别不平衡等领域,其一直活跃于学术前沿,为实际复杂场景下的数据挖掘应用做出了巨大的贡献(Melville et al.,2004;Zhou et al.,2005a,2005b;Abe et al.,2006;Wang et al.,2008;Wang et al.,2014;Razavi-Far et al.,2021;Yang et al.,2021)。对于所有集成学习模型而言,其研究核心可以归结为如何产生并融合多个"好而不同"的基学习器,其中包含两大共性研究问题:如何构建每个基学习器(集成学习模型构建)以及如何组合多个基学习器得到的输出(模型融合方法)。本章将从集成学习模型构建以及模型融合方法展开叙述,并对基学习器之间的多样性度量方式进行介绍。

2.1　集成学习模型构建

在构建集成学习模型时,使用的基学习器可以是任何机器学习算法,如常用的决策树、支持向量机(support vector machine,SVM)或逻辑回归等,其选择不局限于某类特定的算法,而是需要根据具体问题分情况讨论。通常情况下,集成学习主要采用弱学习算法作为基学习器的训练算法,所以基学习器有时也称为弱学习器(weak learner),即泛化能力略优于随机猜测的学习器。这是因为相较于强学习器,弱学习器的计算复杂度更低,更容易被构建与训练,并且弱学习器有助于增加集成的多样性。在集成学习的相关术语中,将每个基学习器均使用相同学习算法的情况称为"同质集成"(homogeneous ensembles);相反,若基学习器间使用了不同类型的学习算法,则称为"异质集成"(heterogeneous ensembles)。

在确定基学习算法之后,集成学习主要通过两种基本策略将多个基学习器进行集成:并行集成法(parallel ensemble methods)和串行集成法(sequential ensemble methods)。并行集成法指的是通过独立、并行地构建各个基学习器,并利用各个基学习器间的独立性将输出结果进行融合,从而提升模型的泛化能力,其中,最典型的并行集成法是装袋法,即 Bagging 算法(Breiman,1996);串行集成法是指基学习器按顺序依次训练产生,每个基学习器会基于前一个基学习器的学习结果重新进行调整和训练，从而让模型进行有针对性的学习，实现模型迭代式的性能提升，而最具代表性的串行集成法为自适应提升法，即 AdaBoost 算法(Freund et al.，1997)。

2.1.1　并行集成法

1. Bagging 算法

1) Bagging 算法简介

Bagging 算法也翻译为装袋法，其全称是 Bootstrap Aggregating(Breiman，1996)。Bagging 算法包含两个主要步骤：有放回的随机抽样(bootstrap sampling)和聚合(aggregating)，如图 2.1 所示。

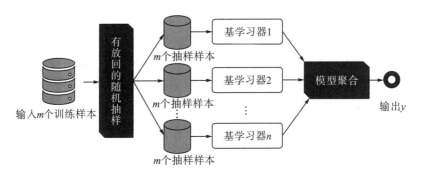

图 2.1　Bagging 算法示意图

首先，Bagging 算法采用有放回的随机抽样来生成不同的训练集，即在训练过程中，从原始训练集中有放回地抽取相同数量的数据作为当前学习器的训练样本。该步骤的目的是通过随机抽样来产生各个学习器之间的差异性，因为每次抽样得到的训练集中，有些样本可能被多次抽取到，而有些样本可能一次都未被抽中。将采样出来的不同训练集对各个基学习器进行训练，可以得到多个不同的基学习器。

在对基学习器进行训练之后，聚合步骤将多个基学习器的输出进行有效融合，得到一个最终的模型预测输出。Bagging 算法采用最常用的聚合方式来融合最终学习结果，对于分类问题，通常采用多数投票制(majority voting)输出得票最多的类别标签，而对于回归问题则使用简单的取平均值法作为最终输出。Bagging 算法的具体算法流程可参见表 2.1。

Bagging 算法通过有放回的随机抽样来保证各个基学习器间尽可能独立，从而间接增加了模型多样性，使集成后的模型效果得到进一步提升。若采取无放回的随机抽样来训练每个基学习器，这意味着总训练样本要被拆分为多个子训练集，并将它们用作每个基学习器的训练样本。此时，如果原始训练集的样本数量有限，那么拆分后的训练集将无法有效表达整体数据的分布，从而导致基学习器的学习性能急剧下降。使用有放回的随机抽样法生成训练子集的另一个好处是，对于给定的包含 m 个训练样本的训练集

$D = \{(x_1, y_1), (x_2, y_2), \cdots, (x_m, y_m)\}$，概率分布为 $\mathcal{D}$，Bagging 算法通过有放回的随机抽样可重新得到同样含有 m 个样本的训练集 D_t 与新的概率分布 $\mathcal{D}_t$。其中，一个样本 (x_i, y_i) 被随机采样抽中至少一次的概率可用参数为 1 的泊松分布来近似模拟，其被抽中至少一次的概率大约为 63.2%。换句话说，Bagging 算法从原始训练集中分配到每次学习器训练的样本约有 63.2%，而有 36.8%的样本是没有被用于训练过程的，这些样本称为"袋外(out-of-bag)样本"。由于这些数据没有参与模型的训练，因此可用该部分袋外样本来作为验证集，检测模型的泛化能力。

表 2.1　Bagging 算法的伪代码

输入：训练数据集 $D = \{(x_1, y_1), (x_2, y_2), \cdots, (x_m, y_m)\}$；
　　　基学习器的训练算法 L；
　　　基学习器的个数 T。
步骤：
1.循环 $t = 1, \cdots, T$：
2.　　对 D 进行有放回的随机抽样，生成新的训练样本集合 D_t。
3.　　训练基学习器 $h_t = L(D_t)$。
4.结束
输出：通过多数投票或取平均集成模型 $H(x)$。

2) 理论依据

Bagging 算法可提高泛化能力的理论依据在于它能够减少模型误差的方差项，特别是对预测性能不稳定的基学习器进行集成后的性能提升尤其有效。Breiman(1996)在其文章中分别针对回归与分类问题给出了理论上的解释。以回归问题为例，假设一个回归任务的真实分布函数为 $f(x)$，每个基学习器对采样后的训练集 D_t 训练得到的输出假设为 $h(x)$，则使用 Bagging 算法集成后的模型 $H(x)$ 可用 $h(x)$ 的数学期望表示，如式(2.1)所示：

$$H(x) = \mathbb{E}_{x \sim D_t}[h(x)] \tag{2.1}$$

每个基学习器的预测值与真实值之间的均方误差(mean square error，MSE)可用式(2.2)表示：

$$\mathbb{E}_{x \sim D_t}[f(x) - h(x)]^2 = [f(x)]^2 - 2f(x)\mathbb{E}_{x \sim D_t}[h(x)] + \mathbb{E}_{x \sim D_t}[h(x)]^2 \tag{2.2}$$

通过对式(2.2)进行简单的不等式变换 $(\mathbb{E}[X])^2 \leqslant \mathbb{E}[X^2]$，可以得到

$$[f(x) - H(x)]^2 \leqslant \mathbb{E}_{x \sim D_t}\{[f(x) - h(x)]^2\} \tag{2.3}$$

对式(2.3)的两边分别进行积分，可以得到 $H(x)$ 的均方误差要小于每一个学习器 $h(x)$ 的均方误差的平均值，而两者之间的差异取决于：

$$\mathbb{E}_{x \sim D_t}[h(x)]^2 \leqslant \mathbb{E}_{x \sim D_t}[h^2(x)] \tag{2.4}$$

由式(2.3)可以看出，Bagging 算法的集成性能与每个学习器的性能相关，学习器的整体性能越好，集成后得到的泛化误差越小。而 Bagging 算法最主要的优势在于，当 $h(x)$ 的多样性较强，即单个学习器预测方差较大或不稳定时，通过该算法往往能降低模型误差的方差，使整体性能得到较为明显的提升。这解释了为什么装袋法能够很好地平滑基学习器的性

能，获得较小的方差。

相同地，对于分类问题而言。假设分类器 $h(x)$ 输出的离散标签为 $y \in \{y_1, y_2, \cdots, y_m\}$，记 $Q(y|x) = P[h(x) = y]$，其中，$Q(y|x)$ 表示在独立的训练集上，使用 $h(\cdot)$ 对输入 x 进行分类得到标签为 y 的概率。记 $P(y|x)$ 为类标 y 是输入 x 的真实标签的概率，则 $h(\cdot)$ 将 x 分类正确的概率为

$$\sum_y Q(y|x)P(y|x) \tag{2.5}$$

对于所有样本正确分类的总概率为

$$r_h = \int \sum_y Q(y|x)P(y|x)P(x)\mathrm{d}x \tag{2.6}$$

其中，$P(x)$ 为输入样本 x 的概率分布。如果 $h(\cdot)$ 对输入 x 预测为 y 的概率最高，且在 x 上的类别标签 y 的输入概率比其他所有类标都高的时候，即

$$\arg\max_y Q(y|x) = \arg\max_y P(y|x) \tag{2.7}$$

称式 (2.7) 为分类器 $h(\cdot)$ 在输入样本 x 上预测正确。Bagging 算法集成后的分类器为 $H(x) = \max_y Q(y|x)$。该集成后的分类器对样本 x 分类正确的概率为

$$\sum_y \mathbb{I}[\arg\max_z Q(z|x) = y]P(y|x) \tag{2.8}$$

如果 $h(\cdot)$ 在输入样本 x 上预测正确，则式 (2.8) 中的概率等于 $\max_y P(y|x)$。因此，集成后的分类器 $H(\cdot)$ 正确分类的概率为

$$r_H = \int_{x \in C} \max_y P(y|x)P(x)\mathrm{d}x + \int_{x \in C'} \left\{ \sum_y \mathbb{I}[H(x) = y]P(y|x) \right\} P(x)\mathrm{d}x \tag{2.9}$$

其中，C 为预测正确的样本集合；C' 为预测错误的样本集合。由

$$\sum_y Q(y|x)P(y|x) \leqslant \max_y P(y|x) \tag{2.10}$$

可得，Bagging 算法能达到的最大精度等于贝叶斯错误率：

$$r^* = \int \max_y P(y|x)P(x)\mathrm{d}x \tag{2.11}$$

对比式 (2.6) 和式 (2.9)，如果单个学习器能够在大多数输入样本上预测正确，那么通过集成可以将它转换成一个近乎最优的分类器。当使用弱学习算法时，不同样本训练得到的 $h(\cdot)$ 具有较大的差异性，对于输入样本容易产生多个不同的预测结果，进而导致 $Q(y|x)$ 较低。然而，通过集成可以在很大概率上准确预测 x，进而带来较大的模型性能提升。

2. 随机森林算法

基于 Bagging 算法的思想，随机森林 (random forest) 算法是 Breiman 在 2001 年提出的另一个经典的并行式集成算法，该算法可以看作 Bagging 算法的升级版本 (Breiman, 2001)，如图 2.2 所示。

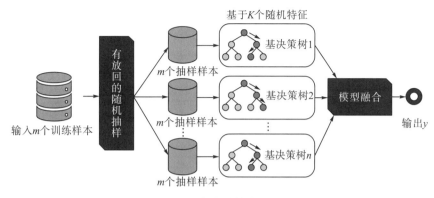

图 2.2　随机森林算法示意图

随机森林算法与 Bagging 算法最主要的区别在于，随机森林算法使用随机特征选择来进一步增强基学习器间的多样性。具体而言，它使用决策树作为基学习器的训练算法。在构建每个决策树时，随机森林算法会在每次节点分裂时从当前所有输入特征中随机挑选一个输入特征子集，再用传统的决策树方法选择一个最优的特征来做决策树的子树划分节点。算法的具体流程可参见表 2.2。

表 2.2　随机森林算法的伪代码

输入：训练数据集 $D = \{(x_1, y_1), (x_2, y_2), \cdots, (x_m, y_m)\}$；
　　　基学习器的个数 T；
　　　特征子集大小 K。
步骤：
1.循环 $t = 1, \cdots, T$：
2.　　对 D 进行有放回随机抽样，生成样本集合 D_t。
3.　　训练基决策树 $h_t = L(D_s)$：
4.　　　循环生成树的每个节点：
5.　　　　从数据的特征空间 F 中随机选取 K 个特征作为特征子集 F'。
6.　　　　选择最佳分裂特征和分裂值。
7.　　　　划分数据集。
8.　　　　创建分支节点。
9.结束
输出：通过多数投票或取平均集成模型 $H(x)$。

其中，参数 K 决定了引入随机性的程度。当 K 设置为数据特征数的总和时，所构建出的决策树将与传统方法输出的决策树是等价的；而当 K 设置为 1 时，每次只有一个特征会被随机选择用于扩展当前决策树。通过实验对比 Bagging 算法和随机森林算法显示，由随机森林训练的集成模型有更加灵活的决策边界，因此相较于传统 Bagging 算法，随机森林算法有更好的泛化能力（Zhou，2012），并在加利福尼亚大学欧文分校（University of California Irvine，UCI）40 个公开的数据集上进行了大量实验，证明不论是否采用决策树修剪，随机森林算法的准确率都比 Bagging 算法更高。此外，它的训练效率也比 Bagging 算法有了显著提升，这是因为随机森林算法使用部分特征构建决策树，而 Bagging 算法只是简单地改变训练样本，需要基于所有特征进行树的构建。

2.1.2 提升法

1. Boosting 算法

Boosting 算法是一种经典的串行集成法，也称为提升法，通过顺序构建每个学习器，迭代式地将弱学习器提升为强学习器。该思想起源于 1989 年 Kearns 和 Valiant 的一篇理论研究（Kearns et al., 1989），该研究中提出了弱学习性和强学习性是否等价的问题，也称为假设提升问题。Schapire 在 1990 年的一篇文章中通过模型的构建法进一步证明了二者的等价性，即 Boosting 算法，它能够将弱学习器提升为具有高准确率的强学习器。相应地，提升后的强学习器模型的复杂度与错误率高低有关。

假设选定一个弱学习算法 L，用来处理一个分类任务，即模型的输出为有限的离散值。Boosting 过程一般包含以下几个步骤，如表 2.3 所示。

表 2.3 提升法的伪代码

输入：训练数据集 $D = \{(x_1, y_1), (x_2, y_2), \cdots, (x_m, y_m)\}$，其初始样本分布为 $\mathcal{D}$；
　　　基学习器的训练算法 L；
　　　基学习器的个数 T。
步骤：
1.初始化训练样本数据集，服从分布 $\mathcal{D}_1 = \mathcal{D}$。
2.循环 $t = 1, \cdots, T$：
3.　　基于 $\mathcal{D}_t$ 得到训练数据集 D_t，训练弱学习器 $h_t = L(D_t)$。
4.　　评估 h_t 的错误率 $\epsilon_t = \text{error}_{x \sim \mathcal{D}_t}[h_t(x) \neq f(x)]$。
5.　　根据 h_t 的错误输出调整分布 $\mathcal{D}_t$ 为 $\mathcal{D}_{t+1}$。
6.结束
输出：融合 T 个基学习器为集成模型 $H(x)$。

Boosting 算法的基本思想就是在每一轮训练一个新的基学习器之前，先根据之前构建好的基学习器的表现对训练样本分布进行适当调整，使得先前基学习器判断错误的训练样本在新一轮模型训练中受到更多关注，并基于调整后的样本分布再来训练下一个基学习器。随着学习器对于学习起来比较困难的数据的关注度越来越高，后面的模型将更着重地对这一类数据进行训练，使得集成后的模型整体的准确率变高。例如，假设利用 Boosting 算法以串行顺序训练三个基学习器 h_1、h_2 和 h_3 用于一个分类任务，则训练数据可分为三个样本区域 R_1、R_2 和 R_3。其中，假设 h_1 能够将 R_1 和 R_2 区域的数据全部分对，但对 R_3 区域的数据分类出现错误。在训练 h_2 时，上一个分类器 h_1 训练错误的 R_3 区域数据将被重点训练，使得 h_2 将 R_2 和 R_3 区域的数据全部分对，但对 R_1 区域的数据分类错误。那么在合理集成 h_1 和 h_2 后，合并后的模型能够准确分类 R_2 区域的数据，错误集中在 R_1 和 R_3 区域。此时，在训练 h_3 时，如果能修正模型在 R_1 和 R_3 样本上的错误，使得 h_3 能够准确分类 R_1 和 R_3 区域样本，那么将三个基学习器集成在一起后，每个区域的数据都能被至少两个基学习器分对，从而获得一个高准确率的集成学习模型。

2. AdaBoost 算法

1) AdaBoost 算法简介

Boosting 算法对于如何调整训练样本分布以及融合基学习器的方法并没有进行详细叙述，其主要的贡献在于提出了一种可以将弱学习器提升为强学习器的串行式集成框架。在此基础上，AdaBoost(adaptive boosting)算法，也称为自适应提升法，是一种基于 Boosting 框架开发的最有代表性和影响力的算法模型(Freund et al.，1997)。该算法针对不同类型的学习问题提出了多种版本。其中，最早的 AdaBoost 算法主要用于解决二分类问题，即数据的输出标签 $\mathcal{Y} = \{-1,1\}$。AdaBoost 算法有两个关键核心：样本的权重调整和模型的权重调整。其训练过程如图 2.3 所示。

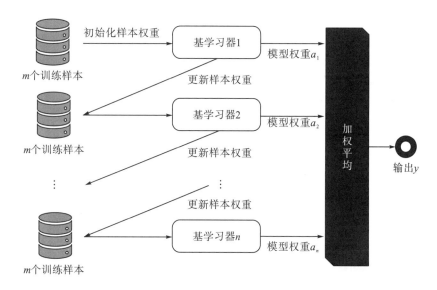

图 2.3　自适应提升法示意图

对于样本的权重部分，AdaBoost 算法在每轮的迭代过程中，会根据上一轮学习器的分类结果自动调整样本的权重，即提高前一轮"被错误分类"的样本权重，降低前一轮"被正确分类"样本的权重，使得在前一轮学习过程中没有得到正确分类的数据在当前轮次的学习过程中受到基学习器更多的关注。其中，样本的权重是指某个样本在整个训练集中所占的比例，例如，在初始化样本权重时，由于 m 个训练样本都同等重要，因此每个训练样本被赋予相同的权重，即 $w_{1i} = 1/m$；而随训练的进行，某些样本会被赋予更高的权重，使其在整个训练集中占据更高的比例，以此实现基学习器对这部分样本的重点学习。

对于模型的权重部分，AdaBoost 算法采用的是加权多数表决法。具体地，对于每轮迭代过程中的基学习器输出，增加分类错误率低的基学习器的权值，使其在最终表决中占据更大的比重，同时降低分类错误率高的基学习器的权值，使其在最终表决中占据更小的比重，而最终得到的是各个基学习器的线性加权组合。

AdaBoost 的具体算法描述可参见表 2.4。假设含有 m 个训练样本 $D = \{(x_1, y_1), (x_2, y_2),$

$\cdots,(x_m,y_m)\}$，其中，每个样本的类标 $y \in \mathcal{Y} = \{-1,1\}$。定义基学习器的训练算法 L 与基学习器个数(迭代次数) T。首先，在首轮训练时，初始化权重分布为 $\mathcal{D}_1 = \{w_{11},\cdots,w_{1i},\cdots,w_{1m}\}$，$w_{1i} = 1/m$。根据权重分布来训练基学习器 $h_t(x)$，并评估 $h_t(x)$ 的错误率 ϵ_t。通过使用当前轮次的错误率 ϵ_t 来计算基学习器的权重 α_t。若未达到循环退出条件，则更新训练样本的权重分布 $\mathcal{D}_{t+1}$。最终的集成模型如下所示：

$$H(x) = \sum_{t=1}^{T} \alpha_t h_t(x) \tag{2.12}$$

值得注意的是，基学习器的训练是基于给定的权重分布进行训练的。这通常是通过重加权(re-weighting)方法来实现的，即使用不同样本权重计算其对应的损失。而对于不能利用样本权重进行学习的算法，则可以采用重采样(re-sampling)方法，将该权重分布作为对应样本的采样概率对训练样本进行采样。

表 2.4　自适应提升法的主要步骤

输入：训练数据集 $D = \{(x_1,y_1),(x_2,y_2),\cdots,(x_m,y_m)\}$，其中，$y_i \in \mathcal{Y} = \{-1,1\}$；
　　　基学习器的训练算法 L；
　　　基学习器的个数 T。
步骤：
1.初始化训练样本的分布权重 $\mathcal{D}_1(x) = 1/m$。
2.循环 $t = 1,\cdots,T$：
3.　　基于权重分布 $\mathcal{D}_t$ 与训练数据集 D 共同训练弱学习器 $h_t = L(D, \mathcal{D}_t)$。
4.　　评估 h_t 的错误率 $\epsilon_t = P_{x \sim \mathcal{D}_t}(h_t(x) \neq f(x))$。
5.　　如果 $\epsilon_t > 0.5$，结束循环。
6.　　计算当前基学习器的权重 $\alpha_t = \dfrac{1}{2}\ln\left(\dfrac{1-\epsilon_t}{\epsilon_t}\right)$。
7.　　更新训练样本的权重分布 $\mathcal{D}_{t+1}(x) = \dfrac{\mathcal{D}_t(x)}{Z_t} \times \begin{cases} \exp(-\alpha_t), & \text{如果}h_t(x) = f(x) \\ \exp(\alpha_t), & \text{如果}h_t(x) \neq f(x) \end{cases}$，

　　　其中，Z_t 为规范化因子，使得 $\sum_{i=1}^{m} \mathcal{D}_{t+1}(x) = 1$。
8.结束
输出：融合 T 个基学习器为集成模型 $H(x) = \text{sign}\left(\sum_{t=1}^{T} \alpha_t h_t(x)\right)$。

2) 理论依据

假设含有 m 个训练样本 $D = \{(x_1,y_1),(x_2,y_2),\cdots,(x_m,y_m)\}$，其中，每个样本的类标 $y \in \mathcal{Y} = \{-1,1\}$。根据 Friedman 等(2000)的论文，AdaBoost 的最终分类模型为 $H(x) = \text{sign}\left(\sum_{t=1}^{T} \alpha_t h_t(x)\right)$，并采用指数损失函数来对模型进行优化：

$$\text{loss}_{\exp} = \mathbb{E}_{x \sim D}\{\exp[-f(x)H(x)]\} \tag{2.13}$$

理论上可以证明，最小化指数损失函数就能够最小化分类错误率；与不可导的分类错误率相比，指数损失函数是可导的。因此，自适应提升法选用指数损失函数作为优化目标

是合适且合理的。在自适应提升法中，只要保证基学习器的错误率不超过 1/2，那么训练误差就可以呈指数函数被降低到零。根据指数损失函数的定义，可以得到

$$
\begin{aligned}
\text{loss}_{\exp} &= \mathbb{E}_{x \sim \mathcal{D}_t} \{\exp[-f(x)H(x)]\} \\
&= \mathbb{E}_{x \sim \mathcal{D}_t} \{\exp(-\alpha_t)\mathbb{I}[f(x) = h_t(x)] + \exp(\alpha_t)\mathbb{I}[f(x) \neq h_t(x)]\} \\
&= \exp(-\alpha_t)P_{x \sim \mathcal{D}_t}[f(x) = h_t(x)] + \exp(\alpha_t)P_{x \sim \mathcal{D}_t}[f(x) \neq h_t(x)] \\
&= \exp(-\alpha_t)(1-\epsilon_t) + \exp(\alpha_t)\epsilon_t
\end{aligned}
\tag{2.14}
$$

其中，α_t 为第 t 个基学习器的权重；ϵ_t 为第 t 个基学习器的错误率。对此函数求一阶导数为 0，可以得到 α_t 的最佳设置：

$$
\alpha_t = \frac{1}{2}\ln\left(\frac{1-\epsilon_t}{\epsilon_t}\right)
\tag{2.15}
$$

从指数损失函数出发，可以推导出：

$$
h_t(x) = \underset{h}{\arg\min}\, \mathbb{E}_{x \sim \mathcal{D}_t}\{\mathbb{I}[f(x) \neq h_t(x)]\}
\tag{2.16}
$$

此公式证明了理想的 h_t 应该能够在当前权重分布 P_t 下最小化分类错误，并且对应表 2.4 中第 7 步可得 (Zhou，2012)

$$
\mathcal{D}_{t+1}(x) = \mathcal{D}_t(x)\exp[-f(x)\alpha_t h_t(x)]\frac{\mathbb{E}_{x \sim \mathcal{D}}\{\exp[-f(x)H_{t-1}(x)]\}}{\mathbb{E}_{x \sim \mathcal{D}}\{\exp[-f(x)H_t(x)]\}}
\tag{2.17}
$$

在自适应提升法中，Freund 等 (1997) 还提出了用于处理多分类任务 (AdaBoost.M1，AdaBoost.M2) 和回归任务的提升法 (AdaBoost.R) 版本。为保证在多分类问题上基学习器的错误率小于 1/2，AdaBoost.M2 算法中提出并使用伪损失函数作为训练目标。令基学习器 h_t 的输出形式为 $X \times Y \rightarrow [0,1]$，其中，输出 1 代表合理标签，输出 0 代表不合理标签。对于基学习器 h_t 在样本 (x_i, y_i) 上的伪损失定义为

$$
\epsilon_t(x_i, y_i) = \frac{1}{2}\left[1 - h_t(x_i, y_i) + \frac{1}{|Y|-1}\sum_{y \neq y_i} h_t(x_i, y)\right]
\tag{2.18}
$$

其中，$|Y|$ 为类别总个数。

回归问题的训练目标要比分类问题更加明确。AdaBoost.R 以最小化均方误差为目标：

$$
\epsilon_t(x_i, y_i) = [h_t(x_i) - y_i]^2
\tag{2.19}
$$

综上所述，从根本上来讲，自适应提升法是一种通过使用不同代理损失函数 (surrogate loss function) 的模型增量训练法。所选用的代理损失函数要能够优化贝叶斯错误率，例如，LogitBoost 使用 log 损失函数 (Friedman et al.，2000)，L2Boost 使用 l_2 损失函数 (Bühlmann et al.，2003) 等。

3. 梯度提升法

梯度提升法 (gradient Boosting) 是在自适应提升法提出后不久由 Friedman 提出的，也属于提升法的一种，即顺序训练一组学习器，且在每一轮训练时尽可能使当前学习器能够修正之前训练得到的学习器的误差 (Friedman，2002)。因此，与其他提升方法一样，梯度提升法以迭代方式将弱学习器不断提升为一个强学习器。和前面介绍的自适应提升法不同

的是，自适应提升法通过维护和更新样本权重来补偿前一轮弱学习器的误差，而梯度提升法则是利用训练时损失函数的梯度。其核心是通过每一轮迭代直接计算负梯度方向来优化损失函数。与自适应提升法相比，梯度提升法的主要优势体现于：前者局限于指数损失函数，多用于分类问题；而后者适用于任何可导的损失函数，因此可更加灵活地应用在分类和回归问题上。

表 2.5 给出了梯度提升法的主要流程步骤。该算法通常使用分类回归树（classification and regression tree，CART）作为基学习器的训练算法，令其输出为连续值。算法首先初始化一个弱学习器，其通常为一个使损失函数最小化的常数值 β。以此开始，经过 T 轮梯度下降，最终的输出模型为 $H_t(x) = \sum_{t=1}^{T} \alpha_t h_t(x) + \beta$。

表 2.5   梯度提升法的主要步骤

输入：训练数据集 $D = \{(x_1, y_1), (x_2, y_2), \cdots, (x_m, y_m)\}$；

　　　基学习器的个数 T；

　　　损失函数 loss。

步骤：

1.初始化一个弱学习器：$H_0(x) = \underset{\alpha}{\arg\min} \sum_{i=1}^{m} \text{loss}(y_i, \alpha)$。

2.循环 $t = 1, \cdots, T$：

3.　　　计算负梯度（即伪残差）$r_{ti} = -\left\{ \dfrac{\partial \text{loss}[y_i, H_{t-1}(x_i)]}{\partial H_{t-1}(x_i)} \right\}, i = 1, \cdots, m$。

4.　　　基于 $\{(x_1, r_{t1}), (x_2, r_{t2}), \cdots, (x_m, r_{tm})\}$ 训练基学习器 h_t。

5.　　　计算 h_t 的系数 $\alpha_t = \underset{\alpha}{\arg\min} \sum_{i=1}^{m} \text{loss}[y_i, H_{t-1}(x_i) + \alpha h_t(x_i)]$。

6.　　　更新模型 $H_t(x) = H_{t-1}(x) + \alpha_t h_t(x)$。

7.结束

输出：集成模型 $H_T(x)$。

在第 t 次迭代时，假设当前已存在一个有误差的集成模型 H_{t-1}，现需要增加一个新的模型 h_t，获得更好的集成模型 $H_t = H_{t-1} + h_t$，使其能够在样本 (x, y) 上满足：

$$H_t(x) = H_{t-1}(x) + h_t(x) = y \tag{2.20}$$

即

$$h_t(x) = y - H_{t-1}(x) \tag{2.21}$$

该项称为残差（residual），是已获得模型需要改进的地方。而当前模型训练的目标就是去拟合残差。对均方损失函数 $[y - H(x)]^2 / 2$ 来说，残差刚好为它关于 $H(x)$ 的负梯度。因此，梯度提升其实是一种梯度下降算法。每一轮训练都是为了减小当前模型的残差，在负梯度方向建立一个新的模型，这样一步一步使得误差越来越小。这也适用于其他损失函数，如分类问题常用的指数损失函数和对数损失函数，回归问题常用的绝对损失函数和Huber 损失函数等。

在梯度提升法提出后不久，Friedman 受到了 Bagging 算法的启发，对梯度提升做了小的改进。改进后的算法称为随机梯度提升(stochastic gradient boosting)。简单来说,就是在算法每次迭代训练的时候对样本集进行有放回抽样形成新的训练子集。引入此种随机性能够防止过度拟合,对梯度下降的精度有显著提高,并且还可以利用未使用的样本值来评估袋外误差。

4. 极限梯度提升法

极限梯度提升法(extreme gradient boosting, XGBoost)是 2014 年提出并于 2016 年正式发表的一种梯度提升的算法实现,且对原算法进行了改进(Chen et al.,2016)。它的基本思想同梯度提升相似,使用分类回归树作为基模型算法,通过顺序迭代逐步减小模型输出与实际值之间的残差。其改进体现在算法本身和具体实现中的多个方面,包括支持并行和分布式运算、更有效地处理稀疏数据等,因此具有更优良的学习效果、可扩展性和高效的训练速度。极限梯度提升法自提出以来便在各种机器学习挑战和竞赛中有着突出的表现,令其在相关领域中被认可和广泛使用。

表 2.6 描述了极限梯度提升法的主要步骤。可以看到,其在算法层面上对损失函数做了改进,即加入了正则化项 Ω(算法第 4 步)。它的目的是限制基决策树的复杂度,减小过拟合情况的发生。因为如果模型越复杂就越容易过度拟合训练数据,导致训练误差很小,但是测试误差增大,即泛化性下降。损失函数中的 Ω 考虑了决策树的叶节点数和每个叶节点的权重,从而可以有效地控制树的规模。

表 2.6　极限梯度提升法的主要步骤

输入:训练数据集 $D = \{(x_1, y_1), (x_2, y_2), \cdots, (x_m, y_m)\}$;

　　　基学习器的个数 T;

　　　损失函数 loss。

步骤:

1.初始化一个弱学习器: $H_0(x) = \underset{\alpha}{\mathrm{argmin}} \sum_{i=1}^{m} \mathrm{loss}(y_i, \alpha)$ 。

2.循环 $t = 1, \cdots, T$:

3.　　计算 H_{t-1} 损失函数的一阶和二阶梯度:

$$g_{ti} = -\left\{ \frac{\partial \mathrm{loss}[y_i, H_{t-1}(x_i)]}{\partial H_{t-1}(x_i)} \right\}, i = 1, \cdots, m$$

$$r_{ti} = -\left\{ \frac{\partial^2 \mathrm{loss}[y_i, H_{t-1}(x_i)]}{\partial H_{t-1}^2(x_i)} \right\}, i = 1, \cdots, m$$

4.　　训练基学习器 h_t 以最小化以下损失函数:

$$\sum_{i=1}^{m} \left[g_{ti} h_t(x_i) + \frac{1}{2} r_{ti} h_t^2(x_i) \right] + \Omega(h_t)$$

其中, $\Omega(h_t)$ 为正则化项 $\gamma K + \frac{1}{2} \lambda \|w\|^2$ (K 为树的叶节点总数, w 为叶节点权重, γ 与 λ 为参数)。

5.　　更新模型 $H_t(x) = H_{t-1}(x) + h_t(x)$ 。

6.结束

输出:集成模型 $H_T(x)$ 。

极限梯度提升法除了引入正则项以外，还在算法中使用了收缩(shrinkage)和列抽样(column subsampling)技术。收缩是指在每一轮算法提升后对模型增加一个小于 1 的权重，类似于学习速率，通过这种方式来减小每棵树的影响力，即当前树的叶节点权重变小，给后面要建造的树提供更多空间去进行优化。目的是使得学习更加平滑，而不会出现突变，防止模型过拟合现象的产生。列抽样是指在训练每棵树时不使用所有特征，而是随机抽取一部分特征参与树的分裂，同随机森林算法中特征下采样的核心思想类似，该方法既可以防止过拟合，又能够加速算法并行化。

除了以上算法层面的改进，在数据处理的很多方面也进行了优化，包括：

(1)能够高效处理稀疏数据，根据样本自动学习缺失值的分裂方向，进行缺失值处理。

(2)数据预先排序，实现了在寻找树的最佳分裂点时快速有效的"精确的贪心算法"，即贪婪地枚举所有可能的分裂点。当数据不能完全送入内存时，通过一个近似算法找出候选分裂点，从而找到最佳方案。

(3)将数据以内存块(block)形式存储，支持算法并行。

(4)采用缓存感知访问(cache-aware access)加速梯度拆分查找，提高精确贪心算法的速度。

(5)采用块压缩和块分片技术实现核改进核外计算(out-of-core computation)，支持可扩展的学习。

2.2   模型融合方法

在多个基学习器训练完成之后，就需要选择合适的融合方法将多个基学习器的学习结果进行融合，以输出最终的结果。监督任务由于其训练数据集中包含标签信息，可以将每个基学习器的输出标签对应到最终集成后的结果中。然而，对于聚类等非监督式的学习任务，由于训练数据中不包含标签信息，难以将聚类标签对应到每个基学习器的聚类结果中。在该部分将从监督式融合方法和非监督式融合方法两个角度，对不同的集成学习模型融合方法进行介绍。

2.2.1   监督式融合方法

在监督式融合方法中，最常用的是投票法和平均法。通常情况下，投票法主要用于对离散值进行集成，多用于分类任务，而平均法主要用于对连续数值进行集成，多用于回归任务。

1. 投票法

投票(voting)法主要用于分类任务，即模型的输出标签为离散型的任务。假设对于某个数据集，其满足 $y \in \mathcal{Y} = \{c_1, \cdots, c_i, \cdots, c_N\}$，即类标空间中含有 N 个不同的取值。基学习器 h_t 对于样本 x 分类得到的输出值为一个 N 维向量 $(h_{t,1}(x), \cdots, h_{t,i}(x), \cdots, h_{t,N}(x))$，其中，$h_{t,i}(x)$

表示分类器 h_t 在标签 c_i 上的输出。

1）绝对多数投票（majority voting）

当某类标的得票数超过基学习器数量的一半时，将该类标作为分类结果输出，若不存在得票数超过一半的类标，则拒绝给出最终结果，如式（2.22）所示。

$$H(x)=\begin{cases}c_i, & \sum_{t=1}^{T}h_{t,i}(x)>0.5\sum_{j=1}^{N}\sum_{t=1}^{T}h_{t,j}(x)\\ \text{拒绝给出结果，其他}\end{cases} \tag{2.22}$$

2）相对多数投票（plurality voting）

取得票数最多的类标作为分类结果输出，不需要考虑得票数是否超过个体学习器数量的一半，若多个类标都获得最高的得票数，则随机选择其中一个类标输出。

$$H(x)=c_{\underset{i}{\arg\max}\sum_{t=1}^{T}h_{t,i}(x)} \tag{2.23}$$

在学习任务中，若必须要求集成学习模型提供分类结果，则绝对多数投票就变成了相对多数投票，因此通常将这两种方法统称为多数投票法。

3）加权投票（weighted voting）

由于各个学习器之间存在差异，在整个集成学习模型中，各个基学习器的学习能力也不同，因此在投票过程中如果能将基学习器的学习能力考虑进去，将可以进一步地提高整个系统的性能。

加权投票法首先通过一定的指标来评估出各个基学习器对于目标任务的贡献程度，然后通过给每个基学习器分配一个对应的权重 w_t 来得到最终的投票结果。

$$H(x)=c_{\underset{i}{\arg\max}\sum_{t=1}^{T}w_t h_{t,i}(x)} \tag{2.24}$$

其中，$0\leqslant w_t \leqslant 1$，且 $\sum_{t=1}^{T}w_t=1$。

2. 平均法

平均（averaging）法主要用于回归任务，即模型的输出为连续数值型的任务。假设基学习器 h_t 对于样本 x 预测得到的输出值为连续数值。

1）简单平均（simple averaging）法

简单平均法就是将所有基学习器的输出取平均值作为最终集成学习模型的输出。

$$H(x)=\frac{1}{T}\sum_{t=1}^{T}h_t(x) \tag{2.25}$$

2）加权平均（weighted averaging）法

与加权投票法类似，均考虑了在整个集成模型构建的过程中不同基学习器对于最终结果的不同贡献程度，并对所有的基学习器的输出进行线性融合：

$$H(x) = \frac{1}{T}\sum_{t=1}^{T}w_t h_t(x) \tag{2.26}$$

通常情况下，基于加权平均的线性融合提供了更有意义的基学习器融合方式，并取得了比基于简单平均的线性融合更好的性能。

2.2.2　非监督式融合方法

对于非监督任务，在使用集成学习的思想进行聚类算法性能提升时通常存在两个主要问题：

（1）与分类集成（classification ensemble）不同，在训练数据没有提供先验标签信息的情况下，难以精确地评估用于聚类集成的不同基学习器的质量（聚类结果）。因此，像提升法这种集成模式就不直接应用于聚类任务上。

（2）很难将聚类标签对应到每个基学习器和集成后模型的聚类结果中。这是由基学习器输出的聚类标签不统一导致的，特别是有可能出现不同的基学习器输出的簇（cluster）个数不一样的情况。因此，直接将多个基学习器的聚类结果融合对于聚类任务本身没有意义。

最近，已经有一些研究从不同的角度针对以上问题进行了研究并提出了不同的聚类融合方法，例如，使用基于图划分（graph partitioning）的聚类集成方法（Karypis et al.，1998；Strehl et al.，2002；Fern et al.，2004；Analoui et al.，2006），线索集聚（evidence aggregation）的聚类集成方法（Monti et al.，2003；Fred et al.，2005；Gionis et al.，2007；Ailon et al.，2008；Yang et al.，2011）以及通过半定规划（semidefinite programming）进行优化的聚类集成方法。这些聚类集成方法的主要思想就是通过设计一个有效的一致性函数（consensus function）将各个基学习器的簇划分结果融合成一个能更好地反映数据集内在结构的最终划分。因此，一致性函数设计的初衷在于解决聚类集成中的三个主要问题：如何融合多个聚类学习器的结果，如何克服标签对应问题，以及如何确保对所有输入的划分实现对称和无偏的融合。

目前，已经有许多方法被提出来解决上述问题，表 2.7 总结了已提出的用于聚类集成的一致性函数（Ghaemi et al.，2009），其中，C 是簇的数量，N 是数据集的大小（即样本的数量），T 是集成成员/输入划分的数量，I 是达到收敛的迭代次数，d 是原始特征空间的维数，d' 是变换后的特征空间的维数。通过对这些函数的优缺点和计算复杂度的比较和了解，后面的部分将介绍如何基于这些函数融合多个聚类划分从而产生最终聚类集成结果的方法。当然，大部分算法需要在计算成本和准确性之间获得折中的解决方案。

表 2.7　一致性函数的总结

算法	优点	缺点	计算复杂度
网格划分软件(the mesh partitioning software，METiS)中使用多层图划分算法(multilevel graph partitioning algorithm，METIS)(Karypis，1998)	通过折叠顶点和边来压缩图；对粗图进行分区并细化样本划分	与HBGF相比，METIS的鲁棒性较低；计算成本高	$O(CNT)$
谱图划分算法(spectral graph partitioning algorithm，SPEC)(Ng et al.，2001)	一种流行的多路谱图划分算法，旨在优化归一化切割准则	与HBGF相比，SPEC的鲁棒性较低；计算成本高	$O(N^3)$
基于簇相似度划分算法(cluster-based similarity partitioning algorithm，CSPA)；超图划分算法(hypergraph-partitioning algorithm，HGPA)；元聚类算法(meta-clustering algorithm，MCLA)(Strehl et al.，2002)	知识重用；通过不同的特性集来影响一个新的样本簇(集群)；控制样本划分的大小；HGPA的计算成本较低；提高了聚类的准确率和鲁棒性；不需要任何关于目标函数的有监督信息，允许选择最佳的一致性函数	CSPA和MCLA的计算成本较高；所使用的贪婪方法非常低效，对大数据集往往难以处理	CSPA- $O(CN^2T)$ HGPA- $O(CNT)$ MCLA- $O(C^2NT^2)$
混合二部图(hybrid bipartite graph formulation，HBGF)算法(Fern et al.，2004)	计算成本低；和基于实例与基于簇的方法相比，具有高鲁棒性	保留了集成的所有信息；算法实现比较复杂	$O(CN)$
基于路径聚类(path based clustering，PBC)算法(Fischer et al.，2003a)	从数据中可提取任意形状的结构；自动异常值检测；避免对数据小幅波动的依赖性；高稳定性	需要大量的聚类分析才能获得可靠的结果；计算成本高	$O(C^3)$
装袋聚类(bagged clustering，Bag Clust)算法(Dudoit et al.，2003)	通过平均的方法减少了划分结果的不稳定性；利用装袋法进行聚类分析，提高了聚类精度；通过变量选择机制增强了算法鲁棒性	聚类的准确性可能随着不稳定性的减少而增加；计算成本高	$O(C^3)$
多弱聚类组合(combining multiple weak clustering，CMWC)算法(Topchy et al.，2003)	使用两种不同的弱聚类算法：多维数据的聚类；通过使用多个随机超平面分割数据进行聚类；计算成本低	要求重启，以避免收敛到低质量的局部最小值	$O(CNT)$
基于信息论遗传算法的多聚类组合算法(combining multiple clusterings using information theory based genetic algorithm，CMCITG)(Luo et al.，2006)	基于遗传算法的一致性方案；提高了准确性和鲁棒性	计算成本高	$O(C^3)$
新高效聚类集成(new efficient approach in clustering ensembles，NEACE)方法(Azimi et al.，2007)	从初始聚类输出中生成一个新的特征空间，其效果优于原始的或规范化的特征空间；对初始聚类使用改进版本的 k 均值(k-means)聚类法，称为智能 k 均值；快速收敛；计算成本低	实现困难；与其他算法相比，准确率不够高	$O(k!+CTIdd')$
投票 k 均值(voting k-means，VKM)算法(Fred，2001)	使用最小生成树来生成一致的样本簇；通过投票 k 均值算法解决了对初始化依赖的问题和聚类数量的选择问题；不需指定使用某个聚类策略	产生的簇数量与实际标签数量不对应；计算成本高；固定的阈值设置	$O(N^2)$

算法	优点	缺点	计算复杂度
聚类融合(cluster fusion) (Kellam et al.，2001)	使用加权 kappa 的比较度量寻找基因之间已知的生物学关系; 所生成的簇的鲁棒性较高	实现困难; 计算成本高	$O(N^2)$
基于证据积累的数据聚类(data clustering using evidence accumulation，DCUEA) (Fred et al.，2005)	在基于投票机制的关联矩阵上应用基于最小生成树(minimum spanning tree，MST)的聚类算法; 能在多维数据上生成任意形状的簇	计算成本高; 在有相邻簇的情况下，性能不佳	$O(N^2)$
自适应聚类集成(adaptive clustering ensembles，ACE) (Topchy et al.，2004)	在簇标签空间中使用多项式分布的有限混合; 算法的可扩展性好; 可理解的底层模型; 可完全避免标签对应问题; 能较好地处理缺失数据问题，特别是在集成中某些模式缺少簇标签的情况下; 支持对任意簇数量的数据集进行任意划分操作	降低在解决最小权重二分图匹配问题时的计算成本	$O(C^3)$ $O(CNT)$
基于关联矩阵和遗传算法的集群集成问题求解(solving cluster ensemble problems by correlation's matrix & GA，SCECMGA) (Analoui et al.，2007)	使用遗传算法产生稳定的簇划分; 使用相关矩阵找到最佳样本; 具有出色的可扩展性; 对大型数据集聚类也可生成可理解的模型; 通过目标函数从多个簇划分中选择扰动最小的簇	计算成本高; 准确度不够理想	$O(N^2)$

基于表 2.7 中总结的这些一致性函数的优缺点和计算复杂度，Ghaemi 等(2009)在其文章中提出将这些一致性函数划分为五类：HGPA、共协矩阵法、投票法、互信息法(mutual information algorithm)和有限混合模型(finite mixture model)。根据实现的简单性、计算复杂性和聚类性能，其中三种方法的表现尤为突出，即 HGPA、共协矩阵法和投票法，将作为本部分的重点介绍内容。

1. 超图划分法

在 HGPA 中，簇被表示为图上的超边，其顶点为用于聚类的对象，即样本，每个超边描述了一组属于相同簇的样本。通过构建超图可将多个聚类划分的融合问题简化为寻找超图中的最小分割(minimum cut)。

在 Strehl 和 Ghosh 于 2002 年提出的方法中，首先将多个划分映射到一个超图上，其允许超边连接任何一组顶点(Strehl et al.，2002)。其中，每个顶点对应数据集中的一个样本，一个簇由一条超边连接到的所有顶点所对应的样本组成。假设基于同一个含有 7 个样本的数据集 $D = \{x_1, x_2, \cdots, x_7\}$，现通过三个聚类学习器得到的三组聚类划分 P_1、P_2 和 P_3，其中，每个基学习器将该数据集划分为 3 个簇 $\{1,2,3\}$，并将它们作为三组聚类划分所得到的标签向量，如表 2.8 所示。

表 2.8　聚类集成输出示例

D	P_1	P_2	P_3
x_1	1	2	3
x_2	1	2	3
x_3	1	2	2
x_4	2	3	2
x_5	2	3	1
x_6	3	1	1
x_7	3	1	1

表 2.9 显示了依据这三个聚类学习器的聚类结果所得到的超图。在超图表示中，含有 N 个样本的数据集 $D = \{x_1, x_2, \cdots, x_N\}$ 被表示为超图的 N 个顶点。超边 h_i 可以连接任意一组顶点，对应如表 2.9 所示的簇矩阵的一列。其中，每列的数字 1 表示相关样本被超边 h_i 所连接，即被划分到对应的簇 h_i 中，否则数字为 0。将多组不同聚类划分的簇矩阵连接起来便能获得邻接矩阵 H。在该示例中，顶点数（即样本数）为 7，超边数为 9。

表 2.9　聚类集成的超图示例

	H^1			H^2			H^3		
	h_1	h_2	h_3	h_4	h_5	h_6	h_7	h_8	h_9
V_1	1	0	0	0	1	0	1	0	0
V_2	1	0	0	0	1	0	1	0	0
V_3	1	0	0	0	1	0	0	1	0
V_4	0	1	0	0	0	1	0	1	0
V_5	0	1	0	0	0	1	0	0	1
V_6	0	0	1	1	0	0	0	0	1
V_7	0	0	1	1	0	0	0	0	1

1）基于簇的相似度划分算法

对于每种聚类的划分，可以通过一个 $N \times N$ 的二分相似矩阵（binary similarity matrix）来表示任意两个样本的相似度，即划分到同一个簇的两个样本令其相似度为 1，否则相似度为 0。若有多组聚类划分需要集成，则将所有的二分相似矩阵通过取平均进行融合，获得共协矩阵（coassociation matrix）S。通过邻接矩阵（adjacency matrix）H 也可获得 $S = HH^T$。基于“真实属于同一簇的两个样本更有可能在不同的聚类结果中被划分在同一个簇内”的假设，可以通过以下步骤构建 CSPA：

（1）基于多个聚类划分结果，使用二分相似矩阵构建成对样本的共协矩阵；

（2）通过基于图形的聚类算法［如 METIS（Karypis et al., 1998）］，对从共协矩阵获得的超图进行划分，以产生最终融合后的聚类结果。

以上步骤可以用如表 2.10 所示的伪代码来描述。

表 2.10   CSPA 的主要步骤

输入：一组输入划分 $\{P_1, P_2, \cdots, P_T\}$，划分数量(基学习器个数)为 T；

　　　基于图形的聚类算法 METIS$(\cdot, \cdot)$。

步骤：

1. 循环 $t = 1, \cdots, T$：

2. 　　获得当前聚类划分 P_t 的簇数量 c_t。

3. 　　循环 $i = 1, \cdots, c_t$：

4. 　　　　　　　构造超边 h_i。

5. 计算邻接矩阵 H。

6. 计算共协关系矩阵 $S = HH^{\mathrm{T}}$。

7. $K = \max(k_i)$。

8. $P_{\text{consensus}} = \text{METIS}(S, K)$。

输出：最终的集成簇 $P_{\text{consensus}}$。

以表 2.8 为例，图 2.4 显示了应用 CSPA 所产生的相似度矩阵以及集成结果，其中，(a)、(b)、(c)表示使用不同的聚类学习器所得到的相似度矩阵，而(d)则是最终集成后的相似度矩阵。相似度矩阵的每个值都是一个介于 0 和 1 之间的数值，表示为灰度级，代表一对样本所属同一个簇的可能性，灰度级与其成正比。

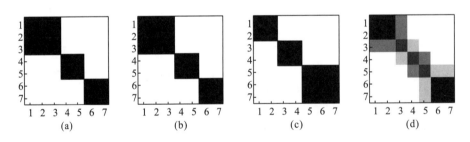

图 2.4   CSPA 相似度矩阵

2) 超图划分法

HGPA(Strehl et al.，2002)通过将聚类集成问题转换为"如何用最少数量的超边来划分超图"来设计一致性函数。这种图分割问题已经在图论中得到了很好的研究，并且在METiS 的基础上通过引入超图(hypergraph)的概念而提出的 hMETiS 已被用于 HGPA 中(Karypis et al.，1998)。与考虑样本局部分段相似性的 CSPA 不同，HGPA 考虑了样本在不同划分结果之间的相对全局关系。此外，该函数具有一个属性，即倾向于生成所有簇类大小大致相同的最终分区。因此，HGPA 通过以下步骤融合多个划分：

(1)基于输入的聚类划分构建一个超图，其中每个超边通过邻接矩阵 H 描述同属一个簇的具有相同权重的一组样本。

(2)使用 hMETiS，通过切割最少数量的超边来分割超图以产生最终的聚类结果。

以上步骤可以用表 2.11 中的伪代码来描述。

表 2.11　HGPA 的主要步骤

输入：一组输入划分 $\{P_1, P_2, \cdots, P_T\}$，划分数为 T；

　　　基于图形的聚类算法 HMETIS$(\cdot,\cdot)$。

步骤：

1.循环 $t = 1, \cdots, T$：

2.　　获得当前聚类划分 P_t 的簇数量 c_t。

3.　　循环 $i = 1, \cdots, c_t$：

4.　　　　　　构造超边 h_i。

5.计算邻接矩阵 H。

6. $C = \max(c_t)$。

7. $P_{\text{consensus}} = \text{HMETIS}(H, C)$。

输出：最终的集成簇 $P_{\text{consensus}}$。

以表 2.8 为例，图 2.5 显示了应用 HGPA 所产生的超边以及切割结果。每个超边由包含样本顶点的闭合曲线表示。以最小的切割数 2 切割这些超边后（图 2.5 中的两条竖线）产生集成后的聚类 $\{(x_1, x_2, x_3), (x_4, x_5), (x_6, x_7)\}$。

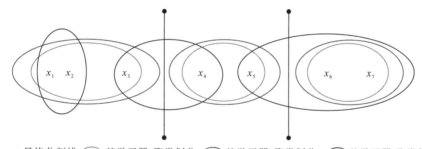

图 2.5　HGPA 超边切割

3）元聚类算法

MCLA（Strehl et al.，2002）对于基学习器获得的聚类划分，将每个簇由超图中的一条超边表示。相关联的超边被进一步聚合为一个元簇（meta-cluster），而这些超边也被合并为新的超边。每个样本输入都被归入新的超边中。这样超边的数量不但会减少，并且超边所对应的样本更加密集。MCLA 的整个训练过程包括四个步骤，对应表 2.12 中的算法描述。

（1）构建元图：超图的超边 h_i 表示为元图中的顶点，其中边的权重与顶点之间的相似度成正比。使用二元 Jaccard 系数作为超边的相似度度量方式，该度量用于计算任意两个超边之间交集的比例，如下所示：

$$w_{a,b} = \frac{h_a^{\text{T}} h_b}{\|h_a\|_2^2 + \|h_b\|_2^2 - h_a^{\text{T}} h_b} \tag{2.27}$$

其中，h_a 和 h_b 为两条超边，表示元图中的两个顶点，而 $w_{a,b}$ 为这两个顶点之间的边权重。

表 2.12　MCLA 的主要步骤

输入：一组输入划分 $\{P_1,P_2,\cdots,P_T\}$，划分数为 T；
　　　基于图形的聚类算法 METIS。
步骤：
1.循环 $t=1,\cdots,T$：
2.　　获得当前聚类划分 P_t 的簇数量 c_t。
3.　　　循环 $i=1,\cdots,c_t$：
4.　　　　　　　构造超边 h_i。
5.计算邻接矩阵 H
6.循环 $a=1,\cdots,\sum c_i$：
7.　　　循环 $b=1,\cdots,\sum c_i$：
8.　　　　　计算元图的边权重 $w_{a,b}=\dfrac{h_a^{\mathrm{T}}h_b}{\|h_a\|_2^2+\|h_b\|_2^2-h_a^{\mathrm{T}}h_b}$
9.构建边权重矩阵 $W=[w_{a,b}]_{a=1,2,\cdots,\sum c_i}^{b=1,2,\cdots,\sum c_i}$
10. $C=\max(c_t)$
11. $P^m=\mathrm{METIS}(W,H,C)$
12.循环 $c=1,\cdots,C$：
13.　　　计算元图划分 P^m 中元簇 C_c^m 的关联向量 $h_c^m=\dfrac{1}{\|C_c^m\|}\sum_{c_i\in C_c^m}h_i$
14. $P_{\text{consensus}}(x)=\underset{c=1,\cdots,C}{\arg\max}\,h_c^m(x)$
输出：最终的集成簇 $P_{\text{consensus}}$。

（2）簇超边：通过将元图划分为 c 个平衡的元簇来找到匹配的标签。每个顶点的权重与对应簇的大小成比例。而平衡保证了每个元簇的顶点权重的总和大致相同。在此步骤中使用图分割包 METIS 来对超边 h 进行聚类。由于元图中的每个顶点代表一个簇标签，所以一个元簇代表一组对应的标签。

（3）整合元簇：元簇中相关联的超边在元图中被整合成单个元超边。每个元簇对应一个关联向量 h_c^m，由相应 h_i 向量的平均值计算，表明相应输入样本与该元簇关联的强度。

（4）样本分配：根据关联向量，样本被分配给具有最高权重的元簇。若有相同权重的情况，则随机分配到其中一个元簇。值得注意的是，并非每个元簇都可以保证至少赢得一个样本。因此，最终聚类结果中最多有 C 个标签。

对于表 2.8 和表 2.9 中给出的聚类集成示例，第一个元聚类 C_1^m 可以考虑超边向量集合 $\{h_3,h_4,h_9\}$，通过计算关联向量 $h_1^m=(0,0,0,0,1/3,1,1)$ 并将其整合获得元簇。其余超边向量同样应用此过程，可获得 C_1^m 最终包含 x_6 和 x_7。最终的聚类结果标签为 $(2,2,2,3,3,1,1)$。

2. 共协矩阵法

共协矩阵法是基于多组簇划分生成一个共协矩阵，用于表达每两组划分的相似性。再将自底而上的层次聚类算法(hierarchical agglomerative algorithms)应用于共协矩阵以获得最终一致的划分结果。

HGPA 的一致性函数存在一个主要缺点：最终聚类的簇数量必须预先定义，或者等于聚类学习器中最大的簇数量。共协矩阵法的一致性函数，如 DSPA(Yang et al.，2006)算法，能够自动确定最终划分的簇数量。一种基于树状图的相似划分算法(dendrogram-based similarity partitioning algorithm，DSPA)的训练过程包括以下步骤：

(1)构造一个共协矩阵，用于反映多组基划分之间的关联。其中，矩阵在位置 (i, j) 处的元素描述相似度，定义为两个样本 i 和 j 被分组到同一个簇中的次数。

(2)将共协矩阵转换为树状图，其中，横轴表示给定数据集中的目标，即样本，纵轴表示簇的生命周期。树状图中簇的生命周期被定义为从簇建立到与其他簇合并消失的时间间隔。

(3)在树状图上应用层次聚类算法来生成最终的一致划分，并通过切割树状图上对应最长生命周期跨度的部分来自动确定最终划分的簇数量。

以上步骤可以用表 2.13 中的伪代码来描述。

表 2.13　DSPA 的主要步骤

输入：一组输入划分 $\{P_1, P_2, \cdots, P_T\}$，划分数为 T；
　　　层次聚类算法 HCLUSTER 。
步骤：
1.循环 $t = 1, \cdots, T$：
2.　　获得当前聚类划分 P_t 的簇数量 c_t 。
3.　　循环 $i = 1, \cdots, c_t$：
4.　　　　　　构造超边 h_i 。
5.计算邻接矩阵 H 。
6.计算共协矩阵 CA 。
7.基于 CA 构造树状图 G 。
8.根据树状图 G 中最长的簇生命周期定义阈值 Θ 。
9. $P_{consensus} = \mathrm{HCLUSTER}(G, \Theta)$ 。
输出：最终的集成簇 $P_{consensus}$ 。

基于表 2.8 中给出的示例，图 2.6 显示了根据不同的聚类划分得到的共协矩阵 CA，该矩阵表示对于原始数据集中的某两个样本出现在同一个簇中的概率。

	x_1	x_2	x_3	x_4	x_5	x_6	x_7
x_1		1	2/3	0	0	0	0
x_2			2/3	0	0	0	0
x_3				1/3	0	0	0
x_4					2/3	0	0
x_5						1/3	1/3
x_6							1
x_7							

图 2.6　共协矩阵示例

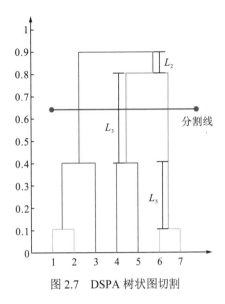

图 2.7 DSPA 树状图切割

根据该共协矩阵，将最可能属于同一簇的样本在各个层级依次进行合并，得到的层次聚类树状图如图 2.7 所示。此外，根据各个簇的生命周期，其中存在 2 个簇的生命周期 $L_2 = 0.1$，3 个簇 $L_3 = 0.4$，5 个簇 $L_5 = 0.3$，可以得到最大的簇生命周期为 L_3，因此，选择切割 L_3 部分获得最终 3 个簇。

3. 投票法

在解决集成多个簇的时候标签不一致的问题中，重标记法使用简单的投票机制(如多数投票)来分配簇中的样本，作为最终的一致性划分。其主要思想是置换簇标签，使得两组划分的标签达到最大的统一。集成中的所有划分都必须依据一个固定的参考划分重新标记。这个参考划分通常可以设置为当前集成好的划分或当前最新的划分。在这种方法中，每组基划分的簇数必须与参考划分中的簇数相同。整个训练过程包含两个步骤：

(1)使用匈牙利算法(Winston，2022)对每组基划的标签依据选定的参考划分重新分配标签。

(2)对所有重新标记后的基划分应用多数投票产生最终达成一致的簇划分。

以上步骤可以用下面的伪代码来描述，如表 2.14 所示。

表 2.14 投票法的主要步骤

输入：整数 K (每组基聚类的簇数量)；
　　　整数 N (数据集样本数量)；
　　　一组输入划分 $\{P_1, P_2, \cdots, P_T\}$，划分数为 T；
　　　参考划分 $P' = P_1$；
　　　匈牙利算法 HUNGARIAN。

1. 循环 $t = 1, \cdots, T$：
2. 　　重新分配当前划分的标签 $P'_t = \text{HUNGARIAN}(P', P_t)$
3. 　　$P' = \{P'_t\}_t^T$
4. 循环 $t = 1, \cdots, T$：
5. 　　循环 $n = 1, \cdots, N$：
6. 　　　　循环 $k = 1, \cdots, K$：
7. 　　　　　　$H_t^{n,k} = \begin{cases} 1, & \text{如果数据 } n \text{ 被分配给 } P'_t \text{ 中其他的簇 } j \\ 0, & \text{其他} \end{cases}$
8. 循环 $n = 1, \cdots, N$：
9. 　　$P_{\text{consensus}}(x_n) = \underset{K}{\arg\max} \sum_t^T W_t H_t^{n,k}$，其中，$W_t = \dfrac{1}{T}$。

输出：最终的集成簇 $P_{\text{consensus}}$。

以表 2.8 和表 2.9 中给出的簇集成为例，应用匈牙利算法的步骤如下：

(1) 确定一个参考划分 $P' = P_1(1,1,1,2,2,3,3)$，并对比参考划分 P' 和划分 $P_3(3,3,2,2,1,1,1)$ 创建一个非相似度矩阵(dissimilarity matrix)。矩阵定义为 $\mathrm{Dis}M_{i,j}(P',P_t) = Z - |C_i \bigcap C_j|$，其中，$Z = 3$，是两个划分 P' 和 P_t 中较大的簇数量，如表 2.15 所示。

表 2.15 非相似度矩阵

	C_1^3	C_2^3	C_3^3
C_1'	3	2	1
C_2'	2	2	3
C_3'	1	3	3

(2) 从每行中的每个数字中减去该行最小的数，称为行缩减。结果如表 2.16 所示。

表 2.16 行缩减

	C_1^3	C_2^3	C_3^3
C_1'	2	1	0
C_2'	0	0	1
C_3'	0	2	2

(3) 再基于上步，从表的每一列中的每个数字中减去该列中最小的数，称为列缩减。结果如表 2.17 所示。

表 2.17 列缩减

	C_1^3	C_2^3	C_3^3
C_1'	2	1	0
C_2'	0	0	1
C_3'	0	2	2

(4) 覆盖(或用线划掉)所有含有 0 的行。如果该线数和总行数相等，那么当前存在簇标签的最佳分配，并转到第(7)步，如表 2.18 所示。否则继续执行第(5)步。

表 2.18 划掉所有含有 0 的行

	C_1^3	C_2^3	C_3^3
~~C_1'~~	~~2~~	~~1~~	~~0~~
~~C_2'~~	~~0~~	~~0~~	~~1~~
~~C_3'~~	~~0~~	~~2~~	~~2~~

(5) 如果划线数小于行数，修改表格如下：

①将表中每个未覆盖数字减去最小的未覆盖的数字。

②将最小的未覆盖数字加到划线交叉处的数字。

③被划掉但不在划线交叉处的数字不变，延续到下一张表。

(6) 重复步骤(3)和(4)，直到获得最优表格。

(7) 标签分配。从只含有一个零的行或列开始，匹配为零的条目，每行和每列仅使用一个匹配项，划掉匹配后的行和列。

通过以上七个步骤，示例中的样本被重新分配标签，如表 2.19 所示。再根据多数投票来确定每个样本最终属于哪个簇，获得最终的一致性标签为(1,1,1,2,2,3,3)。

表 2.19　重新分配标签

	P_1	P_2	P_3
X_1	1	1	1
X_2	1	1	1
X_3	1	1	2
X_4	2	2	2
X_5	2	2	3
X_6	3	3	3
X_7	3	3	3

2.3　模型的多样性

集成模型的多样性一直是集成学习中的一个热门话题，人们普遍认为，集成的成功归因于多样性——集成内部的分歧程度(Kuncheva，2002)。在回归问题中，可通过分析集成模型的误差项来明确地量化和测量基学习器之间的多样性。该多样性可以通过计算基学习器之间的协方差来进行衡量(Brown et al.，2005)。在分类问题中，多样性的作用也得到了证明，并在算法设计中被加以利用。例如，Bagging 算法通过构建和使用不同的训练样本集来训练基学习器，从而创造多样性；Boosting 算法为避免出现相同的错误输出，通过改变每个基学习器的训练样本分布来实现多样性。这两种算法在集成学习领域都取得了很大的成功。然而，目前还没有清晰的理论来严格定义各个基学习器之间的差异，特别是对分类问题，很难知道它是如何根据误差函数的类型和组合方法的选择对整体学习精度产生影响的(Ali et al.，1995；Polikar，2006)。因此，难以对集成学习的多样性定义达成一致。

尽管多样性给处理分类问题带来了好处，但由于其与整体准确性的模糊联系，一些研究显示了多样性可能带来的一些负面结果。例如，Kuncheva 等(2003)通过实验讨论发现多样性与整体准确率之间存在微弱的关系，并对训练集成模型时直接引入多样性的效果提出了质疑。类似的观察也发生在 Garcia-Pedrajas 等 (2005) 的研究中，他们提出了一种进化多目标对集成设计方法。结果表明，将多样性作为目标之一并不能带来明显的性能提高。有学者认为多样性的正面效果只有在集成模型多样性程度很小的时候才会体现，与预测误差大小相关 (Zhao et al.，2007)。

由于对分类集成模型中多样性的认识不够全面，人们提出了各种度量指标来量化多样性。这些指标从不同的角度描述多样性，并不断被用于多样性的研究，特别是对分类精度的作用。下面将对这些常见的多样性指标做出详细描述。

1. 多样性测量指标

现有的针对多样性定量评估的测度指标可以分为两种类型，即对称度量和非对称度量。对称度量指标计算每一对分类器的相似度或差异度，然后对所有成对度量进行平均，作为整体多样性，这种相似/差异一般表示为一种输出上的距离。非对称度量考虑了分类器之间的投票分布，如计算熵或相关性。在所有多样性评估指标中，有以下指标在相关文献中被频繁提及和研究：

(1) Q 统计量 (Q-statistic，Q) (Yule，1922)；

(2) 相关系数 (correlation coefficient) ρ (Sneath，1973)；

(3) 不一致度量 (disagreement measure，Dis) (Skalak，1996)；

(4) 双故障 (double-fault，DF) (Giacinto et al.，2001)；

(5) 熵 (entropy，Ent) (Cunningham et al.，2000)；

(6) Kohavi-Wolpert (KW) 方差 (Kohavi et al.，1996)；

(7) Interrator 一致性 (Interrator agreement) κ (Fleiss et al.，2013)；

(8) 困难度度量 (difficulty measure) θ (Hansen et al.，1990)；

(9) 泛化的多样性 (generalized diversity，GD) (Partridge et al.，1997)；

(10) 同时失效的多样性 (coincident failure diversity，CFD) (Partridge et al.，1997)。

前四个指标属于对称度量，其余的是非对称度量。它们都是基于基学习器正确与错误的输出和多数投票融合法所计算出来的，其具体定义将在下面给出。

令 $\{h_1, h_2, \cdots, h_T\}$ 代表基学习器，由 T 个基分类器 h_t 组成。$Y = \{1, 2, \cdots, C\}$ 表示有 C 个类别的有限标签集。任何一个输入样本 x_i，都对应一个预期的标签 $y_j \in \mathcal{Y}$。而对于每一个基分类器 $h_t (t = 1, \cdots, T)$，如果 h_t 能够对 x_i 进行正确分类，则令 $O_{i,t} = 1$，否则 $O_{i,t} = 0$。融合后的集成模型也是如此，如果对于 x_i 的多数投票是正确的，那么令 $O_{i,\text{ens}} = 1$，否则 $O_{i,\text{ens}} = 0$，这称为 oracle 类型的输出 (Kuncheva et al.，2003)。基于 oracle 类型的输出的度量指标不需要任何关于数据的先验知识和任何特定的基学习器算法，它们只是由个体学习器的正确与错误判断决定的。oracle 类型的输出为分析各种集成学习方法提供了一个通用模型。取两个基学习器 h_t 和 h_k，定义 N^{ab} 为在数据集 $D = \{(x_1, y_1), (x_2, y_2), \cdots, (x_N, y_N)\}$ 中满足 $O_{i,t} = a$ 和 $O_{i,k} = b$ 的样本个数。表 2.20 给出了分类器 h_t 和 h_k 之间的输出关系。表中每一项也可以计算成概率的形式 N^{ab} / N。

表 2.20   描述两个学习器输出关系的 2×2 表格

	h_k 正确输出(1)	h_k 错误输出(0)
h_t 正确输出(1)	N^{11}	N^{10}
h_t 错误输出(0)	N^{01}	N^{00}

样本总数： $N = N^{00} + N^{01} + N^{10} + N^{11}$。

1)Q 统计量

一对分类器 h_t 和 h_k 的 Q 统计量被定义如下：

$$Q_{t,k} = \frac{N^{11}N^{00} - N^{01}N^{10}}{N^{11}N^{00} + N^{01}N^{10}} \tag{2.28}$$

$Q_{t,k}$ 评估两个分类器之间的相似性。对于含有 T 个基学习器的集成模型，其多样性由平均 Q 统计量来衡量。

$$Q = \frac{2}{T(T-1)} \sum_{t=1}^{T-1} \sum_{k=t+1}^{T} Q_{t,k} \tag{2.29}$$

$Q_{t,k}$ 的取值范围为-1~1。对于两个统计上独立的分类器，其 $Q_{t,k}$ 的期望值为 0。如果两个分类器倾向于正确地识别相同的样本，$Q_{t,k}$ 则为正值；如果它们在不同的样本上做出错误识别，$Q_{t,k}$ 则为负值。Q 统计量的值越大，多样性越小。它是集成学习文献中被最广泛讨论的多样性指标。

2)相关系数

一对分类器 h_t 和 h_k 相关系数 $\rho_{t,k}$ 的定义为

$$\rho_{t,k} = \frac{N^{11}N^{00} - N^{01}N^{10}}{\sqrt{(N^{11} + N^{10})(N^{01} + N^{00})(N^{11} + N^{01})(N^{10} + N^{00})}} \tag{2.30}$$

Q 与 ρ 有同样的取值范围，并且有 $\rho \leqslant Q$。类似地，将所有 $\rho_{t,k}$ 取平均值，可以得到整体的多样性值。$\rho = 0$ 表示分类器是不相关的。

3)不一致度量(Dis)

不一致度量计算的是不同分类器 h_t 和 h_k 所作出的不同决策的比例(例如，一个分类正确，而另一个分类错误)。可以理解为两个分类器作出不一致决策的概率。

$$\text{Dis}_{t,k} = \frac{N^{01} + N^{10}}{N^{11} + N^{10} + N^{01} + N^{00}} \tag{2.31}$$

4)双故障

双故障指标评估的是被两个分类器同时错误标记的样本的比例：

$$\mathrm{DF}_{t,k} = \frac{N^{00}}{N^{11} + N^{10} + N^{01} + N^{00}} \tag{2.32}$$

5）熵

为方便数学上的定义，令 $l(x_i)$ 表示将样本 x_i 正确标记的分类器的数量 [即 $l(x_i) = \sum_{t=1}^{T} O_{i,t}$]。在用熵测量集成模型的多样性时，其假设当模型中一半的基分类器可以将样本正确标记，而另一半给出错误标记时，就会达到多样性的最大值。如果基分类器的输出都是 1 或 0，则分类器之间没有差异，即多样性最小。具体来说，熵被定义为

$$\mathrm{Ent} = \frac{1}{N} \sum_{i=1}^{N} \frac{1}{(T - \lceil T/2 \rceil)} \min\{l(x_i), T - l(x_i)\} \tag{2.33}$$

其中，$\lceil \cdot \rceil$ 表示向上取整。Ent 在 0 和 1 之间变化，其中，0 表示所有基分类器作出相同的决策，1 表示多样性程度最高。

6）Kohavi-Wolpert 方差

Kohavi-Wolpert 方差测量的是，在给定一个输入样本 x 后，分类器输出类别标签的可变性：

$$\mathrm{variance}_x = \frac{1}{2}\left[1 - \sum_{c=1}^{c} P(y = w_t|x)^2\right] \tag{2.34}$$

然后在整个数据集上取平均值。基于基分类器 $h_1, h_2, \cdots, h_T$ 的输出，KW 的定义如下：

$$\mathrm{KW} = \frac{1}{NL^2} \sum_{i=1}^{N} l(x_i)\left[L - l(x_i)\right] \tag{2.35}$$

可以证明，KW 与 Dis 之间存在一个常数因子的差异：

$$\mathrm{KW} = \frac{T-1}{2T}\mathrm{Dis} \tag{2.36}$$

7）Interrator 一致性

Interrator 一致性（κ）评估的是分类的可靠性，表示基分类器间作出一致性判断的程度，并用偶然概率纠正。令 $\bar{p}$ 表示所有基分类器平均的分类准确率（classification accuracy，CA）。

$$\bar{p} = \frac{1}{NT} \sum_{i=1}^{N} l(x_i) \tag{2.37}$$

那么通过式 (2.38) 可以计算 Interrator 一致性：

$$\kappa = 1 - \frac{\frac{1}{T}\sum_{i=1}^{N} l(x_i)[T - l(x_i)]}{N(T-1)\bar{p}(1-\bar{p})} \tag{2.38}$$

κ 与 KW 、 Dis 有直接的数学关系，如下：

$$\kappa = 1 - \frac{T}{(T-1)\overline{p}(1-\overline{p})} \text{KW} = 1 - \frac{1}{2\overline{p}(1-\overline{p})} \text{Dis} \qquad (2.39)$$

8) 困难度度量

定义一个离散随机变量 X' 为集成模型 H 中将输入样本 x 正确分类的分类器的比例 $X' = \left\{ \frac{0}{T}, \frac{1}{T}, \cdots, 1 \right\}$。它是对所有基分类器在样本集上分类困难程度的描述。基于 X'，困难度度量 θ 定义为在数据集 D 上分类困难程度的分布：$\theta = \text{Var}(X')$。θ 值越大，集成模型的多样性越低。

9) 泛化的多样性

Partridge 和 Krzanowski 认为，当 T 个分类器中的某个分类器做出错误决策而其他分类器能够正确标记时，多样性能够达到最大；相反，当一个分类器的失败总是伴随着另一个分类器的失败时，多样性就会最小 (Partridge et al.，1997)。

定义 p_i 为 T 个基分类器中有 i 个分类器对输入样本 x 进行错误分类的概率，$p(i)$ 为 i 个随机选择的分类器对 x 进行错误分类的概率，那么可以得到

$$p(1) = \sum_{t=1}^{T} \frac{t}{T} p_t \text{ 和 } p(2) = \sum_{t=1}^{T} \frac{t(t-1)}{T(T-1)} p_t \qquad (2.40)$$

在多样性最大的情况下，$p(2) = 0$；在多样性最小的情况下，$p(2) = p(1)$。在此基础上，泛化多样性定义为

$$\text{GD} = 1 - \frac{p(2)}{p(1)} \qquad (2.41)$$

其中，GD 在 0 和 1 之间变化。

10) 同时失效的多样性

同时失效的多样性是对 GD 的一种改进。它定义为

$$\text{CFD} = \begin{cases} 0, & p_0 = 1.0 \\ \frac{1}{1-p_0} \sum_{t=1}^{T} \frac{T-t}{T-1} p_t, & p_0 < 1.0 \end{cases} \qquad (2.42)$$

CFD 在 0 到 1 之间变化。当所有的分类器总是产生正确的标签，或者它们同时正确或错误分类(多样性最小)时，CFD 将等于 0。当所有的误分类恰好发生在一个分类器上(多样性最大)时，CFD 达到 1。

表 2.21 总结了以上这十个多样性度量指标，包括它们随多样性变化的方向、它们所属的类别(对称或非对称)以及本节中使用的缩写。上箭头 "↑" 表示如果多样性程度越高，相应的指标值越大；下箭头 "↓" 则相反。

表 2.21　多样性测量指标总结

多样性指标	缩写	对称与否	变化方向
Q 统计量	Q	是	↓
相关系数	ρ	是	↓
不一致度量	Dis	是	↑
双故障	DF	是	↓
熵	Ent	否	↑
Kohavi-Wolpert 方差	KW	否	↑
Interrator 一致性	κ	否	↓
困难度度量	θ	否	↓
泛化的多样性	GD	否	↑
同时失效的多样性	CFD	否	↑

　　有学者专门研究了这些多样性指标之间的关系,并发现了强正相关性。多个研究表明,不存在单一的指标优于其他指标(Shipp et al.,2002)的情况,但 Q 统计量被更多人推荐和使用,因为它简单易懂。此外,Q 是唯一一个在其取得多样性最大值、最小值和独立值时,这些取值不依赖于基学习器分类性能的指标;在其他取值情况下也和平均的基学习器准确率没有直接关系。

2. 集成多样性和模型的泛化

　　在回归问题中,通过对集成模型的二次损失函数进行数学分解,即偏差-方差-协方差分解(Ueda et al.,1996)和歧义分解(Krogh et al.,1994),可以得到多样性与误差的数学联系,与协方差项(covariance)直接相关。它解释了基学习器输出之间的差异对模型泛化能力的作用。它推动了集成学习领域中一类算法——负相关学习(negative correlation learning,NCL)算法的发展(Liu et al.,1999;Liu et al.,2000;Wang et al.,2010)。

　　对于分类这种输出离散标签的问题没有类似的直接对泛化误差的数学分解。误分类率是分类任务中最常用的性能评价标准,称为 0-1 误差函数(zero-one error function)。给定一个输入样本,如果预测是正确的,则错误惩罚为 0,否则为 1。这种误分类率是根据错误分类的次数来估计的。沿用前面的符号,模型 H 在样本 x_i 上的 0-1 误差定义为

$$L(H,x_i)=\begin{cases}0, & H(x_i)=y_i \\ 1, & \text{其他}\end{cases} \tag{2.43}$$

　　如果用标签的概率表示 x_i 的输出,即令 $P(c|x_i)(c=1,\cdots,C)$ 表示目标函数对每一类预测的后验概率的真实值,$P_H(c|x_i)$ 表示 H 将类 c 分配给 x_i 的概率,那么基于“给定目标函数 y 和输入样本 x_i,将 x_i 标记为类别 c 和 x_i 的真实标签属于 c 这两者是条件独立的”这个命题(Kohavi et al.,1996),0-1 误差可以更一般地定义为

$$L\left[H, x_i = 1 - \sum_c P_H(c|x_i)P(c|x_i)\right] \tag{2.44}$$

当一个类的概率为 1 时，该定义便简化为 0-1 误差的第一种定义。

0-1 误差与回归问题中偏差-方差-协方差的分解不同，因此不能简单地将准确率与多样性联系起来。为了从理论上研究分类问题中多样性在泛化中的作用，现有研究对以下两种情况做了假设、分开讨论，并获得了一些理论上的成果：①基分类器的输出为类标签概率的连续值；②基分类器的输出为离散的类别标签。

1) 使用平均法融合的实值输出模型

当基分类器可以输出对每个类别标签的后验概率的连续值估计时，分类误差由不可降低的贝叶斯误差(Bayes error)和附加误差(added error)组成。附加的误差这个在贝叶斯误差之外产生的量可以通过简单的平均组合方法重新表示(Tumer et al.，1996)。假设有 T 个无偏分类器，平均集成后其预期附加误差为

$$E_{\mathrm{add}}^{\mathrm{ave}} = E_{\mathrm{add}}\left[\frac{1 + \delta(T-1)}{T}\right] \tag{2.45}$$

其中，E_{add} 为单个分类器的预期附加误差；δ 为分类器之间针对类别标签的相关性的平均值。当集成模型中的基分类器完全相同时，δ 等于 1。此时整体误差就是基分类器单个的误差。当基分类器彼此之间在统计上独立时，δ 等于 0。当基分类器间负相关，即 δ 为负值时，整体误差低于基分类器的平均个体误差。后又有研究将上述结论中使用的简单平均扩展到了加权平均的集成情况(Fumera et al.，2005)。

2) 使用多数投票融合的离散输出模型

当分类器只能输出离散标签时，如 k 近邻算法，集成模型的多样性与误差之间的关系变得更加模糊。Kuncheva 等(2003)在某些特定情况下，将 Q 统计量与多数投票融合后的模型准确率建立了数学联系，并得出了单纯增加多样性并不总是有利于整体精度的结论。在基学习器都具有相同的准确率的情况下，"最佳"和"最差"两种极端的集成组合模式被提出。在"最佳"模式中，减少 Q 统计量(即增大多样性)能够提高整体分类准确率；在"最差"模式中，增大多样性将降低分类准确率。此外，Chung 等(2007)针对多个基学习器的平均准确率和熵的多样性度量指标建立了多数投票集成后整体准确率的上下限。当基学习器的个体准确率足够高时，集成后的整体准确率会随着熵的增大而增大。以上便是在分类问题中集成算法多样性的概念和相关研究成果，包括度量多样性的指标定义及其在不同假设下对整体性能的理论发现。

第3章　动态数据挖掘

动态数据是指在时间维度上具有动态性的数据，即数据会随着时间的推移而发生改变，而对动态数据中隐含的信息或知识进行挖掘和发现的过程统称为动态数据挖掘。在实际应用中，时间序列和数据流是两种具有典型动态性的数据类型。在数据挖掘的过程中，可以将一组数据的集合称为一个"数据集"(data set)，其中每条数据记录了对某个客观事物或对象的描述，称为一个"样本"(sample)，该样本的"特征"(feature)反映的是该样本在某些方面的具体性质或表现，对于性质或表现的量化值则称为"特征值"(feature value)。

一般地，一个含有 n 条样本的数据集 D，其在监督情况下的定义为 $D = \{(x_1, y_1), (x_2, y_2), \cdots, (x_n, y_n)\}$，在非监督情况下的定义为 $D = \{x_1, x_2, \cdots, x_n\}$。在每个样本中，$y_i$ 表示第 i 条样本的标签，所有标签可能的取值称为标记空间 $\mathcal{Y}$，其中，$y_i \in \mathcal{Y}$。$x_i = (x_{i1}, x_{i2}, \cdots, x_{id})$ 表示第 i 条样本的特征，x_i 是来自特征空间 $\mathcal{X}$ 的一个 d 维向量，记为 $x_i \in \mathcal{X}$，其中，x_{id} 表示 x_i 在第 d 维度上的特征值。

基于上述定义，时间序列和数据流的动态性主要体现在以下两个不同的层面。

(1)特征层面的动态性：一条时间序列样本的特征值记录的是客观对象的某个物理量在当前时刻的取值，而时间序列样本的特征则反映了这个物理量在时间线上按照特定采样频率所显示的变化规律或信息。用 $x_i = (x_{i1}, \cdots, x_{it}, \cdots, x_{iT})$ 表示第 i 个时间序列样本，T 代表该样本记录的时间长度，而 x_{it} 则表示在第 t 个时刻的观测值。因此，时间序列的动态性主要体现在样本的特征随时间的推移而产生变动，且相邻的特征之间具有较强的相互依赖性或关联性。

(2)数据集层面的动态性：数据流中没有对样本的特征是否具有时间维度上的相关性进行明确要求，而是研究处理样本随着时间的推移而产生的变化，并构成了多个在时间线上顺序到来的数据集。将某个系统经过时间 T 所获取到的所有数据集记为 $D = \{D_1, \cdots, D_t, \cdots, D_T\}$，则 D_t 表示在第 t 时刻获取到的数据集。因此，数据流的动态性主要体现在数据集是随时间的推移而连续获取的，不同批次的数据集存在明显的分布差异性是数据流的典型特点。

如图 3.1 所示，显示了时间序列与数据流在时间维度上的动态性的比较。

(1)时间序列数据挖掘可以定义为"在时序数据库中枚举结构(时序模式或模型)的知识挖掘过程，任何从时序数据中枚举时序模式或拟合模型的算法都可称为时序数据挖掘算法"(Lin et al.，2002)。根据时间序列的特性，时间序列数据挖掘的目的是在大型序列数据中挖掘出观测值在时间维度上的相互依赖性或关联性。

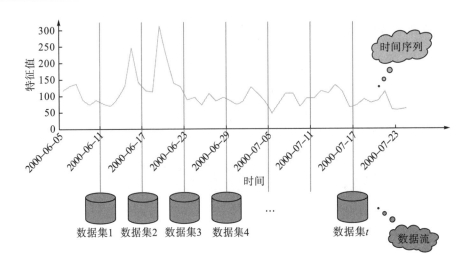

图 3.1　时间序列与数据流示意图

(2)对数据流进行数据挖掘的核心在于如何让模型随着时间的推移自适应地调整训练，从而处理源源不断到来的数据，以维持模型的长期有效性(Rutkowski et al.，2020)。

本章将对时间序列和数据流两种不同类型的动态数据挖掘过程中所涉及的基础知识和概念等进行介绍。

3.1　动态数据表征

动态数据表征的主要目的是在降低数据维度的同时能够保留其内在的重要信息。一般在对该类型数据进行数据挖掘之前，都会利用动态数据表征方法对原始序列数据进行有效的特征表示，从而将数据处理为机器学习算法可以输入的向量、矩阵等数据形式。动态数据表征主要有四种方法：基于时域(time domain)的表征方法、基于变换(transformation)的表征方法、基于生成式模型(generative model)的表征方法和基于深度学习模型(deep learning model)的表征方法。

3.1.1　基于时域的表征方法

基于时域的表征方法是一种最简单的时间序列数据表征方法。它可以保持时间序列的原始形式，即在时域内按照其出现的顺序排列初始样本序列，或者将时间序列分割成多个连续片段，其中每个分割部分由线性函数表征。一般而言，基于时域的表征方法具有易于实现和防止信息丢失的优点。然而，时序数据挖掘对计算能力和内存资源的要求非常高，对于现实应用中涉及大规模、高维的时序数据挖掘应用来说，这类特征表征方法可能会失效。

3.1.2　基于变换的表征方法

基于变换的表征方法旨在通过将原始时序数据转换到一个新的特征空间中，在该空间中，包含最具判别性信息的特征会被放大或提取出来用于表征时序数据。一般来说，这样的表征方法可以分为两类：分段表征和全局表征。分段表征方法是根据一定的准则，在关键点对时序数据进行分段，然后对每个分段进行建模，得到一种简洁的特征表示，因此，所有的分段表征共同构成了时序数据的特征表示。例如，自适应分段常数估计（Chakrabarti et al.，2002）和基于曲率的主成分分析（principal component analysis，PCA）分段。另外，全局表征方法通过一组基函数对整个时间序列进行建模，因此，参数空间中的系数（coefficients）构成了时序数据的全局表征，并且该表征可用于近似地重构时序数据。常用的全局表征方法包括多项式曲线拟合（polynomial curve fitting，PCF）方法（Dimitrova et al.，1995；Chen et al.，1999）、离散傅里叶变换（discrete Fourier transform，DFT）（Faloutsos et al.，1994）以及离散小波变换（discrete wavelet transform，DWT）（Sahouria et al.，2002）。基于变换的表征方法的主要优势是将高维甚至不同维的时间数据降到统一的低维特征空间中，从而显著提高计算效率。然而，基于之前的研究（Yang et al.，2006a，2006b，2007），没有一种单独的表征技术可以完美地适用于所有的时间序列数据集，因为每种方法往往只能从单一的角度对时序数据进行表征，获取的属性有限。

接下来将介绍四种常用的变换表征方法：分段局部统计（piecewise local statistics，PLS）、分段离散小波变换（piecewise discrete wavelet transform，PDWT）、多项式曲线拟合以及离散傅里叶变换。

1. 分段局部统计

基于分段的时序表征方法首先根据一定的规则对原始时间序列进行片段划分，然后基于划分后的子序列片段进行特征提取，从而得到相应的特征表示。常用的基于分段的表征方法包括分段聚合近似（piecewise aggregate approximation，PAA）（Keogh et al.，2000）、分段线性表征（piecewise linear representation，PLR）（Smyth et al.，1997）和分段局部统计（Yang et al.，2007）。下面主要介绍 PAA 和 PLS 表征法。

PAA 表征法是基于分段表征的一种具有代表性的方法，通过利用一个尺寸固定的滑动窗口对原始时序数据进行分段，再对每个分段子序列进行平均处理，将结果作为分段子序列的特征表示。具体来说，该方法使用滑动窗口将长度为 T 的时间序列划分为 N 个等长的子序列片段，每个子序列片段的长度为 T/N，然后分别计算出 N 个子序列片段中所包含的 T/N 个数据点的均值，并将其作为这 N 个子序列片段的近似表示。给定时间序列 $x=(x_1,\cdots,x_t,\cdots,x_T)$，其中，$x_t$ 为 t 时刻的观测值，使用 PAA 表征法得到的特征表示 m 如式（3.1）所示：

$$m=(u_1,\cdots,u_i,\cdots,u_N) \tag{3.1}$$

其中，各个子序列片段的均值 u_i 的计算过程如式（3.2）所示：

$$u_i = \frac{1}{w} \sum_{t=w(i-1)+1}^{wi} x_t \tag{3.2}$$

其中，$w = T / N$ 为每个子序列片段的长度。

　　而受语音信号处理中的短时分析、时序模体发现(Lin et al.，2002)以及时序比特级表征(Bagnall et al.，2006)等方法的启发，PLS 的时序表征方法则是对于每个切割后的片段，使用一阶和二阶统计量共同作为该片段的特征。因此，对于每个片段，其局部统计值均值 u_i 和标准差 σ_i 由式(3.3)进行估计：

$$u_i = \frac{1}{w} \sum_{t=w(i-1)+1}^{wi} x_t, \quad \sigma_i = \sqrt{\frac{1}{w} \sum_{t=w(i-1)+1}^{wi} (x_t - u_i)^2} \tag{3.3}$$

PLS 得到的特征表示 m 如式(3.4)所示：

$$m = (u_1, \sigma_1, \cdots, u_i, \sigma_i, \cdots, u_N, \sigma_N) \tag{3.4}$$

　　PLS 表征法是 Keogh 等(2000)提出的 PAA 表征法的一种扩展，相较于只使用一阶统计量，PLS 加入二阶统计量来进一步表示该片段内时间序列的离散程度(Yang et al.，2007)。然而，基于分段的时序表征方法存在的一个局限是滑动窗口的尺寸选取，在实际应用中，很难对给定的数据确定一个合适的尺寸，这导致不同切割的序列片段间的关联性信息丢失。

2. 分段离散小波变换

　　DWT 是一种有效的多尺度信号分析工具，通过在不同的层次上连续使用低通滤波和高通滤波来对每个分段进行分解。和 PLS 表征法的分段处理方式相同，DWT 首先将时间序列 $x = (x_1, \cdots, x_t, \cdots, x_T)$ 通过大小为 w 的滑动窗口分割成一组序列片段集。然后，将 Daubechies 小波应用到每个片段进行多尺度分析，从而以更准确的方式捕捉局部细节，例如，PLS 表征法无法获取到的时间序列突变等性质。因此，对于使用离散分解水平为 J 的 DWT 可将第 i 个片段表征为

$$m_i = \{\Psi_l^J, \{\Psi_h^j\}_{j=1}^J\} \tag{3.5}$$

在第 j 层中，DWT 使用高通滤波器(high-pass filter) Ψ_h^j 滤掉低频部分并对高频信息进行编码，而低通滤波器(low-pass filter) Ψ_l^j 则是将序列的高频部分滤掉从而对低频信息进行编码。

3. 多项式曲线拟合

　　曲线拟合的目的是找到一个描述信号的数学方程，并且使其受噪声的影响最小。最常见的方法是最小二乘多项式方法，它能够找到最佳拟合序列数据的多项式方程系数。在 Policker 等(2000)的研究中，时间序列通过拟合一个参数多项式函数 $f(x)$ 来建模：

$$f(x) = \alpha_P x^M + \alpha_{P-1} x^{M-1} + \cdots + \alpha_1 x + \alpha_0 \tag{3.6}$$

其中，$\alpha_0, \cdots, \alpha_P$ 为第 P 阶多项式的系数。

　　根据研究显示，四阶多项式系数一般情况下性能最好，而更高阶多项式系数的性能提升不明显。拟合过程是通过考虑时间序列的所有序列点和给定阶次 $\alpha_P (P = 0, 1, \cdots, N)$ 的多

项式模型来最小化误差函数。所有通过优化得到的系数构成一种 PCF 表征，该表征是一种与序列点位置相关的全局时序表征。通常来说，时间序列结构复杂，沿观测点有大量的突变，需要使用更高阶多项式曲线进行近似。虽然 PCF 擅长从时间序列中获取全局信息，但 PCF 不能捕获时间序列的突变等重要的局部信息。

4. 离散傅里叶变换

前面提到的 PCF 表征带有时间序列趋势的通用信息，其可以分析时域上的变化轨迹。然而，傅里叶变换是在频域对时间序列进行分解。傅里叶变换是将数据序列和函数从时域转换为频域表示的广泛使用的工具之一。在频域上对序列进行分析，可以发现在时域上不易观察到的重要特性。

傅里叶变换可分为连续傅里叶变换和离散傅里叶变换。连续傅里叶变换将连续波形分解为其频率分量的连续频谱，并且从其频率分量的频谱中逆变换合成函数。与此相反，离散傅里叶变换是针对离散采样的单信号定义的。在时序数据的表征中，对于从时间序列中观测的离散序列往往使用离散傅里叶变换。离散傅里叶变换将时域的离散序列(观测值)映射到频域的离散序列(频率系数)。

离散傅里叶变换已经被广泛应用于在频域中提取全局时间序列表征(Faloutsos et al.,1994)。对于时间序列 $x = (x_1, \cdots, x_t, \cdots, x_T)$ 进行离散傅里叶变换来获得一组傅里叶系数，如式(3.7)所示：

$$a_k = \frac{1}{T}\sum_{t=1}^{T} x_t \exp\left(\frac{-\mathrm{j}2\pi kt}{T}\right), \quad k = 0,1,\cdots,T-1 \tag{3.7}$$

为了在时间序列存在噪声的情况下获得一种鲁棒的表征，仅仅使用少量的前 K 个低频系数(K 远小于 T)构造傅里叶描述符。根据研究显示(Yang et al., 2011)，前 16 个低频系数在一般情况下可以从频率分量中捕获大部分特征，但更多的离散傅里叶变换系数并不能带来捕获量的明显提升。

3.1.3　基于生成式模型的表征方法

基于生成式模型的表征方法将时序数据作为从统计或确定性模型中获得的数据，如隐马尔可夫模型(hidden Markov model，HMM)、一阶马尔可夫链(first-order Markov chain)的混合(Smyth，1999)、动态贝叶斯网络(dynamic Bayesian networks)(Murphy，2002)，或自回归移动平均模型(autoregressive moving average model，ARMA)(Xiong et al.，2002)，因此整个时序数据集合可以表示为这些模型在参数适当情况下的混合，其公式如式(3.8)所示：

$$p(x|\theta) = \sum_{k=1}^{K} w_k p(x|\theta_k) \tag{3.8}$$

其中，$\theta = \{\theta_k\}_{k=1}^{K}$ 为未知模型参数；w_k 为先验概率(也称为混合或权重系数)，并且满足 $0 \leqslant w_k \leqslant 1$ 和 $\sum_{k=1}^{K} w_k = 1$，其中，K 是用于表示整个数据集的模型数量。

作为一种重要的基于模型的表征方法，HMM 对于在观测期间数值变化很大的时间序列特征具有较强的捕获能力。

从本质上来说，时序数据可以用 HMM 表示，其描述了一个由有限数量的状态组成的不可观测的随机过程，每个状态都与另一个发出观测的随机过程相关。首先，在第 j 个状态下以发射概率 b_j 发射一个观测值，该值是根据初始概率 π_j 决定的。下一个状态 i 由状态转移概率 a_{ij} 决定，并基于发射概率 b_i 生成一个符号。重复该过程，直到达到停止标准。整个过程产生了一系列的观测值，而不是状态，"隐藏"这个名字就是从这些状态中提取出来的。一个完整的 HMM 参数集合由三元组 $\lambda = \{\pi, A, B\}$ 组成，其中，$\pi = \{\pi_j\}$，$A = \{a_{ij}\}$，$B = \{b_j\}$。对于如时间序列这样的连续值时序数据，每个状态的发射概率函数由多元高斯分布定义。然而，在应用 HMM 进行仿真时，连续值时序数据的发射分布函数通常被建模为单高斯分布 $b_j = \{\mu_j, \sigma_j^2\}$，以降低计算成本并防止在有限的可用数据集上发生过拟合。

对于时序数据，整个数据集可以表示为基于单高斯分布观测的 K 个 HMM $\{\lambda_1, \lambda_2, \cdots, \lambda_K\}$ 的 M 个状态的集合。每个组件由以下参数组成。

(1) 一个 M 维的初始状态概率向量 π。

(2) 一个 $M \times M$ 的状态转移矩阵 A。

(3) 均值向量 $\{\mu_1, \mu_2, \cdots, \mu_M\}$。

(4) 方差向量 $\{\sigma_1^2, \sigma_2^2, \cdots, \sigma_M^2\}$。

对于大多数 HMM 应用，需要解决以下三个主要问题。

(1) 给定模型参数 $\lambda = \{\pi, A, B\}$，计算一个特定观测序列 $x = (x_1, \cdots, x_t, \cdots, x_T)$ 的概率 $p(x|\lambda)$。Baum 等(1967)、Baum 等(1968)提出了该问题的前向和反向求解算法。

(2) 给定模型参数 $\lambda = \{\pi, A, B\}$，寻找能够生成给定观测序列 $x = (x_1, \cdots, x_t, \cdots, x_T)$ 的最可能的隐藏状态序列。该序列可使用维特比算法(Viterbi algorithm)(Viterbi, 1967; Forney, 1973)求解。

(3) 给定观测序列 $x = (x_1, \cdots, x_t, \cdots, x_T)$，寻找最佳的模型参数 $\lambda = \{\pi, A, B\}$。该参数可使用期望最大化算法(expectation maximization algorithm)(Dempster et al., 1977)求解。

虽然基于生成式模型的时序数据表征方法有助于识别时序数据动态行为背后的数据依赖关系和规律，但由于时序数据维度高、数据量大等特点，该方法的计算成本非常高。因此，其在实际应用中可能变得不可行。

3.1.4　基于深度学习模型的表征方法

深度学习是目前深受关注的机器学习技术，本节介绍如何设计深度学习架构表征动态数据。首先介绍常用的网络结构，如卷积神经网络(convolutional neural networks，CNN)、循环神经网络(recurrent neural networks，RNN)和注意力机制(attention mechanism)，然后介绍目前主流的训练方法。

1. 深度学习网络结构

1）卷积神经网络

卷积神经网络（Lecun et al.，1998）是在实际应用中最为成功的一类神经网络，其常用于处理具有局部关系的图像或时序数据。当使用在时序数据中时，可将时序数据的时间维度看作图像的宽（或高），进行一维卷积操作即可。该网络也是人工智能领域受生物启发最成功的模型之一，其卷积结构通常包含卷积、跨步和零填充（zero padding）三个步骤。

如图 3.2 所示，卷积操作是顺序地执行局部线性加权操作，使用四维数组 $K_{i,j,k,l}$ 表示多道卷积核，其中，下标 i 表示卷积核连接到输出的第 i 通道；下标 j 表示输入数据的第 j 通道；下标 k 表示输入数据的第 k 行；下标 l 表示输入数据的第 l 列。数组 $V_{i,j,k}$ 表示第 i 通道 j 行 k 列的输入数据，输出单元 Z 的第 i 通道 j 行 k 列的卷积结果如式（3.9）所示：

$$Z_{i,j,k} = \sum_{l=1}^{L}\sum_{m=1}^{M}\sum_{n=1}^{N} V_{l,j+m-1,k+n-1} K_{i,l,m,n} \tag{3.9}$$

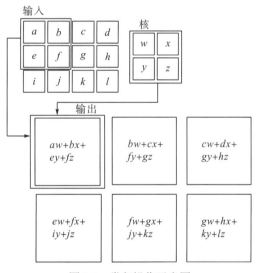

图 3.2　卷积操作示意图

通常，稠密的卷积操作需要消耗大量计算资源并且计算冗余，因此有时可以设置跨步操作跳过相邻位置的计算，如式（3.10）所示，将行下标和列下标同时乘以 s 即可。当处理时序数据时，可仅对行或列进行不同步幅的跨越。

$$Z_{i,j,k} = \sum_{l=1}^{L}\sum_{m=1}^{M}\sum_{n=1}^{N} V_{l,(j-1)\times s+m,(k-1)\times s+n} K_{i,l,m,n} \tag{3.10}$$

零填充，顾名思义就是在每一层网络的边缘填充上输出为零的神经元，常用的零填充有有效卷积（valid convolution）、相同卷积（same convolution）和全卷积（full convolution）。

有效卷积：其实就是没有零填充的卷积，该卷积要求卷积核与输入单元一一对应，假设输入单元的宽度为 m，卷积核的宽度为 k，那其输出的宽度就为 $m-k+1$。随着网络层数的增加，该网络每一层的神经元数量也会显著地减少，直至缩减为 1。因此，有效卷积需要仔细衡量卷积核尺寸与网络层数的利弊。

相同卷积：填充零神经元将网络补充回原来的大小的卷积操作。由于该卷积没有改变网络结构，因此可以自由地选择网络的层数以及卷积核的尺寸。但由于网络边缘实际连接参数较少，在网络的边缘会出现欠表征现象。

全卷积：最极端的一种零填充的方式，经过全卷积后，神经元的数量不但不会减少，还会增加。假设输入单元的宽度为 m，卷积核的宽度为 k，其输出的宽度为 $m+k-1$，该过程在网络左右边缘各添加 $k-1$ 个零神经元进行卷积。

2) 循环神经网络

循环神经网络(Hihi et al.，1995)是一类允许神经网络进行横向连接的网络类型。当前的网络输出不仅依赖当前的输入信息，还依赖之前的数据信息。如图 3.3 所示，相较典型的前馈神经网络，循环神经网络仅仅将网络隐藏层的输出(也可以是输出层的输出)重新连接回隐藏层，形成一个闭环。也可以理解成是在前馈网络中加入了记忆单元：当神经元前向传播时，隐藏层除了向网络的前端输出信息，还会将信息保存在记忆单元中。当执行下一时刻的数据时，会将当前时刻的数据与存储在记忆单元的信息一起输入隐藏层中进行特征提取，然后将处理后的信息保存进记忆单元。最常用的循环网络有双向循环神经网络(bidirectional recurrent neural networks，BRNN)(Schuster et al.，1997)、长短期记忆(long short-term memory，LSTM)网络(Gers et al.，2003)和门控循环单元(gated recurrent units，GRU)(Chung et al.，2015)。

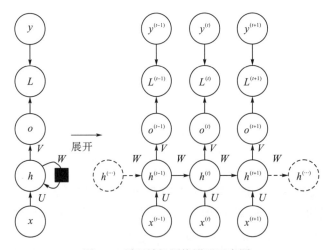

图 3.3　循环神经网络展开示意图

假设长度为 T 的时间序列 X，其中，I 和 H 分别表示输入单元与隐藏单元的数量，循环网络的前馈输出如式 (3.11) 与式 (3.12) 所示：

$$a_h^t = \sum_{i=1}^{I} w_{ih} x_i^t + \sum_{h'}^{H} w_{h'h} b_{h'}^{t-1} \tag{3.11}$$

$$b_h^t = f(a_h^t) \tag{3.12}$$

其中，x_i^t 为第 t 时刻序列数据 x 的第 i 维；a_h^t 和 b_h^t 分别为 t 时刻第 h 隐藏单元的输入值与激活值；w_{ih} 为输入层第 i 单元与隐藏层第 h 单元的连接权重；$w_{h'h}$ 为隐藏层 h' 单元与隐藏层 h 单元的连接权重；$b_{h'}^{t-1}$ 为 $t-1$ 时刻隐藏层 h' 单元的激活值。需要注意的是，在 $t=1$ 时刻，也就是序列第一条数据输入网络时，隐藏层还没有激活值，因此会令 $b_{h'}^0 = 0$。

3）注意力机制

当时序数据过长时，循环神经网络很容易产生梯度消失与梯度爆炸问题（vanishing/exploding gradient）（Pascanu et al.，2013），因此很难学习时序数据中的长期依赖（long-term dependencies）（Bengio et al.，1993）关系。注意力机制（Vaswani et al.，2017）实际上是通过计算整个输入序列中片段间的相关性来关注重点信息的一种网络机制。其通常使用查询（Query）、键（Key）和值（Value）来实现，其中，Query 指的是自主提示，即主观意识的特征向量；Key 指的是非自主提示，即物体的突出特征信息向量；Value 则代表物体本身的特征向量。注意力机制通过 Query 与 Key 的相似程度来实现对 Value 的注意力权重分配，生成最终的输出结果。注意力机制通常可分为三类：软注意力（soft/global attention）、硬注意力（hard/local attention）和自注意力（self-attention）。

软注意力机制：为每个输入项分配的权重为 0～1，也就是某些部分关注得多一点，某些部分关注得少一点，因为对大部分信息都有考虑，但考虑程度不一样，所以相对来说，计算量比较大。

硬注意力机制：为每个输入项分配的权重非 0 即 1，和软注意力机制不同，硬注意力机制只考虑哪部分需要关注，哪部分不需要关注，也就是直接舍弃掉一些不相关项。其优势在于可以减少一定的计算成本并缩短计算时间，但有可能丢失掉一些本应该注意的信息。

自注意力机制：为每个输入项分配的权重取决于输入项之间的相互作用，即通过输入内部自身决定应该关注哪些输入项。和前两种机制相比，它在处理很长的输入时，具有并行计算的优势。

2. 表征学习训练方法

深度学习模型虽然性能强大，但由于庞大的网络结构与参数量，通常需要大量的标记数据进行训练，否则很容易产生过度拟合现象。接下来，介绍一些常用的无监督（unsupervised）与自监督（self-supervised）表征学习框架，对深度学习模型进行预训练，帮助提升深度学习模型对动态数据的泛化性。

1）自动编码器

自动编码器（autoencoder）（Lecun et al.，2015）是一种对输入信号进行压缩重构的多层神经网络，其目的是捕捉到可以表示输入信号的重要元素，从而获得输入数据的压缩特征表示。该网络由两部分组成，编码器 $f = h(x)$，将输入 x 映射到压缩向量 $h(x)$，解码器 $r = g[h(x)]$，将压缩向量映射到输入的重构。损失函数 $L(x;G(h(x)))$ 就是重构误差。其常使用 L1 损失进行优化：

$$\text{Loss} = \left\| x - G[h(x)] \right\|_1^1 \tag{3.13}$$

具体实现过程是先将数据输入编码器，得到压缩向量表示，然后将该向量输入解码器，实现对输入数据的重构。在训练结束后，将解码器丢弃，仅保留编码器的参数。

2) 自监督学习

自监督学习(Tian et al., 2020; Jing et al., 2021)通常采用两阶段的训练框架来完成分类任务：第一阶段，构造接口任务来训练编码器网络(骨干网络)；第二阶段，固定编码器，然后初始化分类器以完成特定的下游分类任务。这些前置任务包括旋转预测图像块相对位置预测(Gidaris et al., 2018)、拼图还原(Noroozi et al., 2016)和图像着色(Larsson et al., 2017)。然而，这些前置任务通常是领域特定的，限制了学习的通用性。对比学习(Tian et al., 2020; Chen et al., 2020)是自监督学习的一个重要分支，其前置任务只是使一个样本的两个增强样本(视为正样本)在表征空间中接近，然后远离负样本。如式(3.14)所示，其通常使用 InfoNCE(Chen et al., 2020)损失优化网络模型：

$$\text{InfoNCE} = -\frac{1}{n} \sum_{i=1}^{n} \ln \frac{\exp\left(\dfrac{v_i \cdot v_i'}{T}\right)}{\displaystyle\sum_{j=1}^{2n} \exp\left(\dfrac{v_i \cdot v_j'}{T}\right)} \tag{3.14}$$

其中，n 为采样大小；T 为温度系数，用于软化相似性输出；v 为标准化后的表征向量。

该方法的成功依赖大量的负样本。为了解决这个问题，MoCo(He et al., 2020)使用动态队列(记忆库)来存储负样本，并提出动量编码器来缓慢更新负样本的表示。SimCLR(Chen et al., 2020)构建了一个简单的对比学习框架，直接使用当前批次中共存的负样本，但它需要较大的批次才能很好地工作。如式(3.15)所示，Simsiam(Chen et al., 2021)采用孪生网络，通过简单的停止梯度技术来最大化一个图像的两个增强之间的余弦相似度，以避免崩溃。

$$\text{sim}(u_2, h_1) = -\frac{u_2}{\|u_2\|} \cdot \frac{h_1}{\|h_1\|} \tag{3.15}$$

其中，$\|\cdot\|$ 为 L2 正则化；h_1 为表征向量；u_2 为通过简单的全连接网络转换后的预测向量。

3.2 动态数据的相似性度量方法

一旦获得合适的动态数据表征，另一个有趣的问题是发现不同动态数据在表征空间中的行为是否相似，即相似性度量。动态数据的相似性度量方法分为：①时序数据的相似性度量；②数据流中的概念漂移检测。

3.2.1　时间序列的相似性度量

尽管已有许多动态数据挖掘的相似性度量方法被提出,但表征方法和相似性度量的定义之间存在着密切的关联,这种关联主要受挖掘操作目标的影响。正如 Bagnall 和 Janacek(2005)提到的,根据目标的不同,相似性度量可以分为三种类型:时间相似性、形状相似性和变化相似性。

1. 时间相似性

通常情况下,相似性度量的目的主要是度量两个与时间相关的时间序列之间的相似性,并找出实例的值在每个时间间隔上是否相似地变化。这一目标可以通过在基于时域的表征或基于变换的时序数据表征上应用相关性或欧几里得距离(简称欧氏距离)度量来实现。欧氏距离作为一种简单的距离度量方式,广泛地应用于时间序列数据的相似性度量(Yang et al.,2011;Yang et al.,2014)。对于迭代构建的聚类集成,该方法将从原始时态数据中获得的等长度实例值序列作为一个向量,直接计算时序数据对之间的欧氏距离。对于多种表示的加权聚类集成,通过相应的基于变换的表示方法从原始时序数据中提取特征向量,然后简单地计算时序数据特征向量之间的欧氏距离,而不是原始形式的时序数据。对于两个长度为 T 的不同时间序列,其欧氏距离度量定义如下:

$$D(x_a,x_b) = \sqrt{\sum_{t=1}^{T}(x_{at} - x_{bt})^2} \tag{3.16}$$

2. 形状相似性

实际上,形状上的相似性是一种更广泛的时间上的相似性,它的目标是通过检测数据中不同时间出现的共同趋势或相似的子模式来发现随时间或速度变化的两个时间数据之间的相似性,例如,从以不同速度或时间段行走的多个人中找出相似的运动路径。众所周知,为了达到对时态数据进行相似性度量的目的,通常使用动态时间规整(dynamic time warping,DTW)。

对于给定的两个时间序列 $x_a = (x_{a1},\cdots,x_{am})$ 和 $x_b = (x_{b1},\cdots,x_{bn})$,它们的长度分别为 m 和 n。当 $m=n$ 时,可以直接使用欧氏距离计算两个序列之间的距离;而当 $m \neq n$ 时,需要对序列进行线性缩放,再进行比较。然而,由于不同的时间序列在不同的情况下的时间依赖性不同,因此,通过缩放进行相似度比较会由于信息丢失导致度量效果不佳。而在该情况下,主要采用 DTW 来对不同长度的序列相似性进行度量。DTW 是一个典型的优化问题,它用满足一定条件的时间规整函数 $W(\cdot)$ 来描述测试模板和参考模板的时间对应关系,求解两模板匹配时累计距离最小所对应的规整函数。

首先,构造一个 $m \times n$ 的矩阵网格,矩阵中的每个格点的元素表示两个序列对应时刻的距离,一般采用欧氏距离。该方法的核心是寻找一条通过此网格中若干格点的路径,路径通过的格点即两个序列进行计算的对齐的点。这条路径被定义为规划路径(warping path),用 W 表示,如式(3.17)所示:

$$W = w_1, w_2, \cdots, w_k, \cdots, w_K, \quad \max(m,n) \leqslant K < m+n-1 \tag{3.17}$$

该路径的选择需要满足以下三个条件。

(1) 边界条件：$w_1 = \mathrm{Dist}(x_{a1}, x_{b1})$ 和 $w_K = \mathrm{Dist}(x_{am}, x_{bn})$，即由于时序数据各个状态值之间的出现是具有固定的先后顺序的，因此所选路径的起点必须对应两个序列的初始时刻，而终点则必须对应两个序列的最后时刻。

(2) 连续条件：若 $w_{k-1} = \mathrm{Dist}(x_{ai}, x_{bj})$，则路径的下一个点 $w_k = \mathrm{Dist}(x_{ai'}, x_{bj'})$ 需满足 $i - i' \leqslant 1$ 并且 $j - j' \leqslant 1$。这限制了路径的规划必须是相邻的，不能跨过某个点进行匹配。

(3) 单调条件：若 $w_{k-1} = \mathrm{Dist}(x_{ai}, x_{bj})$，则路径的下一个点 $w_k = \mathrm{Dist}(x_{ai'}, x_{bj'})$ 需满足 $i - i' \geqslant 0$ 并且 $j - j' \geqslant 0$。这限制了 W 必须是随着时间单调进行的。

综合连续性和单调性条件，每一个格点的路径就只有三个路径方向。满足上面这些约束条件且使得下面的规整代价最小的路径定义为

$$\mathrm{DTW}(x_a, x_b) = \min \left(\frac{1}{K} \sqrt{\sum_{k=1}^{K} w_k} \right) \tag{3.18}$$

3. 变化相似性

变化相似性的目标是发现在观测期内数值发生较大变化的时序数据之间相似的动态行为。前面提到的基于模型的生成式表征，如 HMM 和 ARMA 在捕获这种特性方面已经展现出了杰出的性能。基于每个序列的对数似然(log-likelihood)，给定为另一个序列生成的模型，Juang 和 Rabiner(1985)提出了两个时间序列 $x_a = (x_{a1}, \cdots, x_{am})$ 和 $x_b = (x_{b1}, \cdots, x_{bn})$ 间的对称距离，其等式为

$$\mathrm{Dist}^{\mathrm{sym}}(x_a, x_b) = \frac{1}{2}(\mathrm{LL}_{x_a x_b} + \mathrm{LL}_{x_b x_a}) \tag{3.19}$$

与之类似，Panuccio 等(2002)引入了一种称为反向传播(back propagation，BP)算法的基于对数似然距离的度量，其公式如下：

$$\mathrm{Dist}^{\mathrm{BP}}(x_a, x_b) = \frac{1}{2} \left(\frac{\mathrm{LL}_{x_a x_b} - \mathrm{LL}_{x_a x_a}}{\mathrm{LL}_{x_a x_a}} - \frac{\mathrm{LL}_{x_a x_b} - \mathrm{LL}_{x_b x_b}}{\mathrm{LL}_{x_b x_b}} \right) \tag{3.20}$$

其中，$\mathrm{LL}_{x_a x_b} = \log_2[p(X | \theta_{x_b})]$，给定模型参数 θ_{x_b}，其生成序列 $x_b = (x_{b1}, \cdots, x_{bn})$。

基于每个序列的对数似然，给出相应的生成器模型和另一个模型，这两个模型间的 Kullback-Leibler(KL)(Juang et al., 1985；Sinkkonen et al., 2002)距离可以使用单联动、完全联动和平均联动方法(Zhong et al., 2003)进行计算，它们被定义为

$$\mathrm{Dist}^{\mathrm{MinKL}}(\lambda_i, \lambda_j) = \min_{x \in C_i}[\log_2 p(x | \lambda_i) - \log_2 p(x | \lambda_j)] \tag{3.21}$$

$$\mathrm{Dist}^{\mathrm{MaxKL}}(\lambda_i, \lambda_j) = \max_{x \in C_i}[\log_2 p(x | \lambda_i) - \log_2 p(x | \lambda_j)] \tag{3.22}$$

$$\mathrm{Dist}^{\mathrm{BoundaryKL}}(\lambda_i, \lambda_j) = \frac{1}{|B_x|} \sum_{x \in C_i}[\log_2 p(x | \lambda_i) - \log_2 p(x | \lambda_j)] \tag{3.23}$$

其中，x 为被分到簇 C_i 中的元素；B_x 为被分到簇 C_i 中的元素 x 的分数。对于 $\log_2 p(x | \lambda_i) - \log_2 p(x | \lambda_j)$ 确定簇 i 和簇 j 的边界，其最小值为 $\log_2 p(x | \lambda_x) - \log_2 p(x | \lambda_y)$ 和 0。

3.2.2　数据流的概念漂移检测

数据流学习与传统的离线机器学习的一个主要区别在于数据的动态变化性。也就是说，数据随时间采集可能发生分布上的变化，导致之前训练好的学习器对当前数据的预测性能降低，甚至可能完全失效。一个数据流通常可表示为 $\text{DS} = \{D_t\}_{t=1}^{T}$，其中，在监督情况下定义时刻 t 采集到的数据集为 $D_t = \{(x_i^t, y_i^t)\}_{i=1}^{n}$，$x_i^t$ 是来自特征空间 $\mathcal{X}$ 的一个 d 维向量，记为 $x_i^t \in \mathcal{X}$，y_i^t 为其对应的类标，记为 $y_i^t \in \mathcal{Y} = \{1, 2, \cdots, C\}$，在非监督情况下的定义为 $D_t = \{x_i^t\}_{i=1}^{n}$。以垃圾邮件分类问题为例，学习器被用来将输入的邮件自动分类为正常邮件与垃圾邮件。但为了实现这一功能，垃圾邮件制造者会定期修改邮件编辑策略，试图让学习器无法检测到新型的垃圾邮件，导致模型失效。这意味着训练好的模型不一定是长久高效的，而是需要适应新的数据以维持其预测性能。

图 3.4 说明了数据动态变化对学习器性能的影响。图中的概念迁移(concept drift)是数据动态变化的一种，在本节会有详细介绍。可以看到，随着概念迁移的发生，学习器的性能(如准确率，F1-measure 等)会随时间有明显的衰退。具体的衰退程度和速度与数据变化的种类和特点有关。

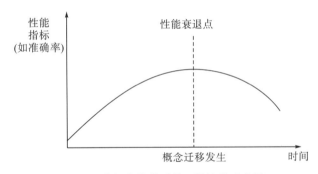

图 3.4　数据变化前后学习器性能示意图

这个过程涉及三个方面的知识：①了解动态变化的种类和定义；②如何检测变化的发生；③变化发生后学习器如何调整训练使其适应新数据。这是本节所要介绍的重点。

1. 数据变化的相关概念

很多研究已经证明，数据动态变化会给所学习的模型带来数据分析和预测准确率的大幅下降，甚至使模型完全失效，因此必须在改进数据流学习算法的同时考虑如何检测和克服数据动态变化的负面影响，能让模型自适应地根据发生的变化自动调整，以维持其性能。在数据流学习中，数据的动态变化被分为四大类：概念迁移、概念演化(concept evolution)、特征迁移(feature drift)和特征演化(feature evolution)。其中，概念迁移最为常见，例如，推荐系统中，人们对某些产品的兴趣会随时间发生变化。前两类中的"概念"是指预测空间 Y，即输出标签集。概念迁移是指输入数据 x 和预测目标 y 的联合概率 $P(x, y)$ 发生变化，导致先前依据旧概念训练的模型无法准确描述新概念的学习规则。概念演化是指预测目标

y 的可能标签个数发生变化,即在某时刻出现新的类别标签或旧的类别标签消失,导致需要模型调整输出类别的数量。后两类变化是指输入特征空间 x 上的变化。其中,特征迁移是指输入特征对目标输出的相关性发生变化,即有些特征变得冗余,或有些特征相关性增加。学习过多冗余特征会造成模型过拟合,而未及时考虑相关特征会导致分类准确率的降低。特征演化是指输入特征的数量增加或减少,导致模型需要重新调整架构以适应新的输入特征向量。

四类数据动态变化中,概念迁移受到的科研关注最多,主要有两大原因:①相比其他三类,实际应用中概念迁移最常见,例如,新产品的市场投放、客户行为的不确定性、感知器的老化磨损现象都会导致数据分布变化;②相比概念演化和特征演化,概念迁移更不容易被察觉和检测到。有的概念迁移程度大且快速,能相对容易地被检测到,而有的概念迁移程度则变化轻微或变化速度慢,需要更敏感的机制来克服。下面将详细介绍概念迁移。

1) 概念迁移的定义

在动态变化的环境中,数据往往不是静态不变的,即它的潜在分布会随着时间发生变化,称为概念迁移。概念迁移一般都是意料之外的、不可预测的。当然,在某些特定的实际情况下,可以预先知道一些与特定环境相关的引发数据变化的因素。在时间点 t_0 和时间点 t_1 之间若有概念迁移发生,那么:

$$\exists x : p_{t_0}(x,y) \neq p_{t_1}(x,y) \tag{3.24}$$

其中, p_{t_0} 为输入变量集 x 和目标变量 y 在时间 t_0 的联合概率。根据此定义和贝叶斯理论,概念迁移可以进一步划分为三种:①先验概率 $P(y)$ 发生变化,这会引起数据类别间不平衡(class imbalance)的学习问题。例如,对于物联网系统中识别感知器故障的问题,起初有故障信息的数据非常少,其属于少数类;如果故障未及时修补致使故障恶化,有故障的数据会随时间而增加,引起 $P(y)$ 的变化。② y 条件下的输入数据 x 的概率密度函数 $P(x|y)$ 发生变化,单纯的 $P(x|y)$ 变化不会影响分类边界,通常由代表性数据不充足所致,也被称为虚拟的概念迁移(virtual concept drift)。例如,垃圾邮件识别系统中,垃圾邮件的欺骗形式和呈现内容会发生变化,但不影响类别标签。也有文献统一将 $P(x)$ 的变化定义为虚拟的概念迁移,包含第一种先验概率发生变化的情况。③后验概率 $P(y|x)$ 发生变化,也称为真正的概念迁移(real concept drift),会直接影响预测边界,意味着需要重新调整和训练模型。例如,社交媒体数据分析系统中(微信、推特等),用户发送的信息中所反映的感兴趣的内容会随时间不断变化,当前感兴趣的话题可能很快会被另一话题替代,引起后验概率的变化。其中,第一种和第三种变化对模型分类性能影响最大,并且由于引起性能降低的原因不同,应对不同类别的概念迁移的方法也不同。

以在线分类新闻流数据作为例子。学习任务是将传入的新闻划分为对某个用户相关和不相关两种类别。假设该用户正在寻找和购买新的公寓,那么关于住宅的新闻是相关的,而度假屋的新闻则不相关。如果新闻门户的编辑发生变动,写作风格也会发生变化,但住宅新闻仍然与该用户相关。这种情况对应虚拟的迁移。如果某些经济因素导致出现了更多关于住宅的新闻,而关于度假的新闻更少了,但编辑、写作风格和该用户的兴趣保持不变,这种情况对应类的先验概率的迁移。如果该用户已经买了房子并开始寻找度假目的地，那么住宅新闻就变得不相关，且度假屋的新闻变得相关。这种情况对应真正的概念迁移。在这种情况下，编辑的写作风格和先验概率保持不变。

　　图 3.5 进一步描述了这三种概念迁移。可以看到，只有真正的概念迁移，即后验概率的变化，会改变类的决策边界，导致之前训练的决策模型失效。在实际中，其他两种概念迁移也可能伴随着真正的迁移。换句话说，不同类型的概念迁移有可能同时发生，导致分类边界受到影响。

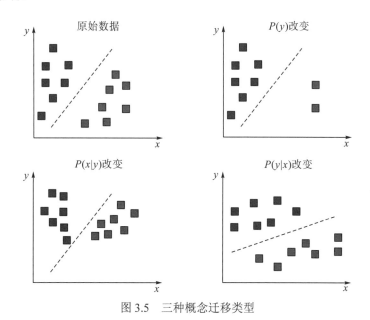

图 3.5　三种概念迁移类型

2) 数据的变化方式

　　概念迁移发生时会呈现不同的形式，可以通过以下几个方面来描述：变化程度 (severity)、变化速度 (speed)、频率 (frequency) 和周期性 (recurrence) (Minku et al.，2010；Kosina et al.，2010)。图 3.6 以一维数据为例描述了几种基本变化形式。

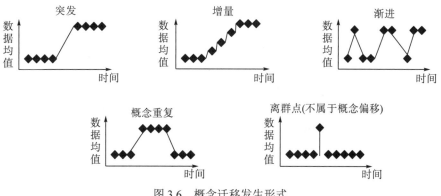

图 3.6　概念迁移发生形式

离群值不属于概念迁移，仅作参考

在此一维数据流中,数据均值发生了变化,导致概念迁移的发生。迁移可能突然发生,从一个概念切换到另一个概念(例如,将一个传感器替换为另一个不同校准标准的传感器);或者增量地变化,即概念是逐渐过渡的,包含许多中间概念(例如,一个传感器慢慢磨损而变得不够准确)。从概率角度,迁移可以突然发生(例如,用户感兴趣的话题可能突然从肉类价格转向公共交通)或渐进发生(例如,感兴趣的新闻话题逐步增多而不是突然转换,以前的话题还会出现)。概念迁移在引入以前从未见过的新概念之后,旧的概念可能还会再次出现(如每年春节引发的新闻话题)。这属于重复概念的情况。概念迁移处理算法的一大挑战是如何区分迁移与离群值或噪声(指一次性的随机偏差或异常)。后一种需要离群值检测(Chandola et al., 2009),不需要模型自适应。大部分概念迁移相关算法都会隐含或明确地假设其适用于哪种形式的概念迁移。不同形式的概念迁移有时需要不同的处理方式。

3) 变化环境中的预测模型

预测模型在处理数据流时需要具有检测和适应数据变化的机制;否则,预测模型的准确性会随时间降低。当变化发生后,根据变化发生的类型和形式,有时模型需要根据其受到的影响进行更新,有时则需要完全被替换以适应新的数据环境。无论哪种形式,学习数据流的预测模型都需要考虑以下几点:①及时地检测概念迁移,并在需要时调整模型;②区分迁移和噪声数据,并对噪声具有鲁棒性;③能快速处理到达样本,并且尽可能最小化存储空间使用率。

2. 概念迁移检测方法

由于概念迁移在实际问题中是不可预知的,需要检测算法帮助判断其发生并做出相应的响应。特别是真正的概念迁移是导致模型失效的直接原因,因此迄今为止大部分算法都关注如何检测到真正的概念迁移。很多这种算法在检测后验概率变化的同时,也可以解决其他类型的概念迁移,但反之不行。本节将对真正的概念迁移的检测方法思路与主流算法做出介绍,并统一简称概念迁移。

概念迁移检测器(concept drift detectors)通常需要某种对模型预测性能的反馈作为概念迁移发生的信号,或对数据流样本本身的统计特征进行分析。这些信号能够反映数据流分布是否正在变化。如果是,则会触发模型的更新/重新训练,或者用新模型替换过时的模型。所以概念迁移检测通常作为一个独立于数据流学习器的模块,与学习器分工合作,如图 3.7 所示。概念迁移检测模块负责监测数据分布,发出变化警报。学习器负责对变化做出响应,并持续训练和预测。这个过程主要有三个阶段。

第一阶段:数据流输入训练与输出模块,对学习器进行更新。

第二阶段:将学习器的当前性能或样本特征发送给变化检测模块进行信号分析。该分析用于检测数据流是否有概念迁移发生。

第三阶段:变化检测结果返回学习器。若有概念迁移发生,则发出警报告知学习器,使学习器及时调整训练以适应新概念。

概念迁移检测器的目标是:一方面减少最大性能下降,另一方面最小化恢复时间,如图 3.8 所示。

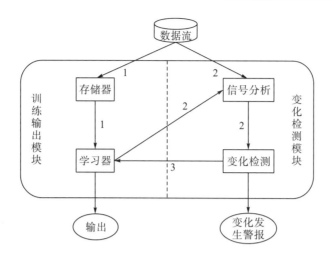

图 3.7　概念迁移检测与数据流学习框架

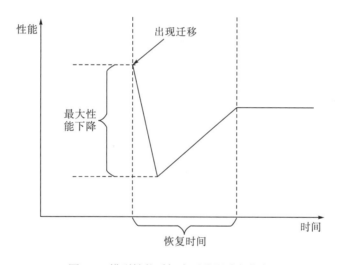

图 3.8　模型性能受概念迁移影响与恢复

　　有些检测器算法不仅可以返回有关迁移检测发生的信号，还可以返回警告信号。警告信号作为概念迁移可能发生的时刻，并且此刻应该开始收集代表新概念的样本作为新训练集。该思路如图 3.9 所示。随着数据流样本的到来，某个时间点发生了概念迁移，导致误差开始上升。在误差上升初期还不能判断是否是概念迁移时，检测器会发出警告，并开始存储到来的样本。若此后误差继续上升并且超过迁移级别的阈值，则学习器就会基于警告点和迁移点之间的新数据更新模型。

　　概念迁移检测方法(drift detection method，DDM)可以分为四个主要类别(Gama et al.，2014)：①基于统计过程控制(statistical process control)的检测器；②基于顺序分析(sequential analysis)的检测器；③监测时间窗口内样本分布的方法；④上下文(contextual)方法。其中，前两类比较常见。下面给出一些具体的概念 DDM。

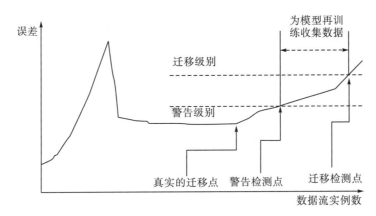

图 3.9 基于跟踪分类器误差的迁移检测思路

1)基于统计过程控制的检测器

DDM 是第一类方法中最广为人知的方法,是基于统计过程控制的检测器(Gama et al.,2004)。该方法监测分类器实时的误差及其标准差。一般而言,模型在训练过程中的错误应该随着使用数据的增多而减少或者保持稳定,但如果模型在未知样本上的误差随着训练过程反而增加了,那么 DDM 认为这是概念迁移导致的,需要重新训练模型。准确来说,令 p_t 为预测模型在时刻 t 的误差率。因为在 t 个样本中,模型的误差可用二项式分布建模,所以在时刻 t 的标准差是 $s_t = \sqrt{p_t(1-p_t)/t}$。DDM 会储存从上次检测到概念迁移的时刻再到现在时刻 t 观察到的最小误差率 $p_{\min}$,以及出现 $p_{\min}$ 时刻的标准差 $s_{\min}$,其检测过程如下:①如果 $p_t + s_t \gg p_{\min} + 2s_{\min}$,则发出可能存在概念迁移的警告。从这个时刻开始储存新到来的样本。②如果误差继续增加,直到 $p_t + s_t \gg p_{\min} + 3s_{\min}$,则确认概念迁移发生。此时,当前的模型将被舍弃,并且用警告检测点与迁移检测点之间储存的样本新建一个模型,然后 $p_{\min}$ 和 $s_{\min}$ 的值会被重置,继续检测数据流。DDM 的空间占用率很小,它只需要存储统计数据 p_t 和 s_t,以及存储从警告时间到检测时间的样本数据。这种方法适用于检测变化速度比较快的迁移,但对于缓慢的概念迁移,该方法的迁移效果可能不佳,存在大量样本将被长时间存储的问题。

早期迁移检测方法(early drift detection method,EDDM)是对 DDM 的改进,特别是针对渐进缓慢的概念迁移的检测(Baena-García et al.,2006)。其基本思想与 DDM 一样,都是通过跟踪误分类情况做出判断,发出概念迁移的警告和确认发生的时间。二者的不同点在于,EDDM 记录的不是误差率,而是相邻两个误分类样本之间的距离,即该方法计算两个误差之间的平均距离(p_i')及其标准差(s_i')。当数据流不存在概念迁移时,随着学习算法的不断训练,模型的预测性能逐渐增强,犯错误的距离 p_i' 相应增加。EDDM 运行过程中会记录 p_i' 和 s_i',并与当前最大值 $p_{\max}'$ 及其标准差 $s_{\max}'$ 比较。此方法还需要定义两个阈值 α 和 $\beta(\alpha > \beta)$:①如果 $(p_i' + 2s_i')/(p_{\max}' + 2s_{\max}') < \alpha$,则发出警报,从这个时刻开始储存新样本用于训练新模型;②$(p_i' + 2s_i')/(p_{\max}' + 2s_{\max}') < \beta$,则认为发生迁移,当前模型被重置,并且用警报之后储存的样本重新训练模型。$p_{\max}'$ 和 $s_{\max}'$ 的值也被重置。

2) 基于顺序分析的检测器

累积和(cumulative sum，CUSUM)算法是第二类检测器中常用的基本算法。通过检测概率分布的给定变量值的变化来判断概念迁移的发生，例如，该变量可以是分类误差。最简单的 CUSUM 测试步骤如下。

(1) 给出参数序列的观测值 $\{x_t\}_t$，定义 $z_t = (x_t - \mu) / \sigma$，其中，$\mu$ 是 x_t 的期望值，σ 是标准差；如果 μ 和 σ 都是事先未知的，则可以通过评估序列本身计算得到。

(2) 给定参数 k 与 h，计算指标 $g_t = \max(0, g_{t-1} + z_t - k)(g_0 = 0)$，如果 $g_t > h$，则认为发生迁移，并且重置 g_0、μ 和 σ。

通常把 k 设为所检测的变量值的 $1/2$(通过标准差衡量)，把 h 设置成 $\ln(1/\delta)$，这个值通常为 $3\sim5$，其中，δ 是可以接受的误差率。

Page-Hinkley 检验(PH test) 对 CUSUM 算法进行了修改。它跟踪的是分类器误差与其平均值之间的累积差异，即式(3.25)中的累积变量 m_T：

$$m_T = \sum_{t=1}^{T}(x_t - \bar{x}_T - \delta) \tag{3.25}$$

其中，x_t 为分类器当前的误差；m_T 为 x_t 与其平均值到当前时刻的累积差。$\bar{x} = 1/T\sum_{t=1}^{t}x_t$ 且 δ 对应允许的变量波动幅度。当前累积变量的最小值被存储：$M_T = \min(m_t, t = 1, \cdots, T)$。PH 检验法监控 M_T 和 m_T 之间的差异：$PH_T = m_T - M_T$。当此差异大于给定阈值 λ 时，发出分布变化的信号。阈值 λ 取决于可允许的误报率。增加 λ 可减少误报，但可能会错过或延迟对迁移的检测。

3) 监测时间窗口内样本分布的方法

自适应滑动窗口(adaptive sliding window，ADWIN)是第三类迁移检测器中最具代表性的方法(Bifet et al.，2007)。该算法使用滑动窗口存储近期数据，并通过分析对比这些数据寻找概念迁移的时间点。这个窗口的长度会随时间自动增长，直到窗口内被检测到有迁移发生。当算法成功地找到两个子窗口并判定其中的数据不属于同一分布时，这个窗口的分割点即被认为是概念迁移发生的时间。

4) 其他检测方法

现有迁移检测器通常依赖于对样本的类别标签的连续访问来判断后验概率的变化。但从实际的角度来看，人们经常忽略了数据标记成本，及时获得大量数据的真实标签有时是不现实的。因此，对实际问题构建概念迁移检测器的过程中可考虑使用主动学习范式(active learning paradigm)(Greiner et al.，2002)或未标记的样本(即无监督)的概念 DDM。

无监督检测算法经常用来检验虚拟的概念迁移的发生。最常使用的方法是统计检验，其用来检查当前数据是否和一个参考数据集来自相同的分布(Markou et al.，2003)。并不是所有的统计检验都适合此任务。例如，参数化检验，如 T2 统计检验法(Hotelling，1992)，需要假设一个特定的分布，这在真实数据情况下可能不是一个合适的假设，因为数据的分布可能与任何标准分布都不相似。这种情况就需要使用非参数化检验，例如，连续归一化流(continuous normalizing flow，CNF)密度估计检验和瓦尔德-沃尔福威茨(Wald-Wolfowitz)测试的多变量版本(Friedman et al.，1979)。此外，非参数单变量统计检验也经常用于检测数据的概念迁移，如双样本柯尔莫戈洛夫-斯米尔诺夫(Kolmogorov-Smirnov)检验、威尔科克森(Wilcoxon)秩和检验及双样本 t 检验。如果真实的概念迁移涉及了 $P(x)$ 的变化，那么上述无监督方法是可以帮助检测的；但如果无法访问类标签，且与 $P(x)$ 的变化无关，那么要检测到这种后验概率的变化会比较困难。

值得一提的是，迁移检测也可以使用集成思想，通过同时使用多个检测器算法来决定迁移的发生(Maciel et al.，2015)。例如，选择性检测集成法就是基于一个选择检测器集成多种算法来同时检测突发和渐进的迁移(Du et al.，2015)。

以上可以看到，迁移检测不是一项简单的任务，一方面，需要足够高效的检测和模型更新算法来快速替换过时的模型并缩短恢复时间。另一方面，不想要太多的误报(false alarms)，导致过多不必要的更新而丢失有用信息。因此，为了评估一个概念迁移检测器的性能，通常需要考虑以下指标。

(1)真阳性(true positive)，即真正发生的迁移检测次数中被检测到的数量。

(2)误报的数量，即假阳性(false positive)，非概念迁移的情况下却被检测为概念迁移的数量。

(3)迁移检测延迟，即实际概念迁移发生的时间点与其被检测到的时间点之间的时长。

使用上述指标进行评估时存在权衡问题。例如，增加迁移检测器的敏感度以减少检测延迟，但这可能会导致更多的误报。鉴于此，有研究专门生成人工数据流，通过调整检测算法的参数配置，观察其在人工样本上的表现，绘制检测器的误报数量与检测延迟的关系图，该方法类似于传统机器学习中常用到的受试者工作特征(receiver operating characteristic，ROC)曲线(Alippi et al.，2010)。

3.3 动态数据的挖掘任务

在将动态数据以合适的形式表示并定义相似性度量之后，就可以使用算法来完成特定的动态数据任务，也称为挖掘操作。根据大量应用于动态数据任务的不同目标，这些任务可以分为六类：预测、分类、聚类、搜索和检索、模式发现，以及概念迁移与异常检测。

1. 动态数据预测

预测是数据挖掘中的重要问题之一，其需要根据动态数据(如时间序列)的过去样本预测其演化。为了做到这一点，通常会建立生成模型来预测动态数据。然而，在很多情况下，预测问题可以表述为分类、关联规则发现或聚类问题。需要注意的是，在处理数据流的预测任务时需要具有检测和适应数据变化的机制；否则，预测模型的准确性会随时间降低。当变化发生后，根据变化发生的类型和形式，有时模型需要根据其受到的影响进行更新，有时则需要完全被替换以适应新的数据环境。因此学习数据流的预测模型需要特别考虑概念迁移的检测及模型自适应调整，以及对概念迁移和噪声数据的区分，并对噪声具有鲁棒性。

2. 动态数据分类

分类是监督学习中最典型的操作之一，但由于动态数据的性质，大多数分类算法在处理时序数据时都需要进行特殊处理。在动态数据分类中，每个数据都被假设属于有限多个类或类别中的一个，这些类是在给定的训练集上预定义或训练的，这些任务的目的是自动确定输入数据相应的类或类别。要解决这类问题，学习算法通常要执行一个函数 $h(x)$，该函数将数据映射到一个 k 类空间，$h: \mathcal{R}^n \rightarrow \{1, \cdots, k\}$。现用 $y = h(x)$ 表示该关系，其中，输入数据表示为向量 x，输出 y 为一个整数值，表示分类代号。而在数据流挖掘的分类任务中，需要基于获取到的数据流实时训练一个模型，使其能对给定的测试数据 x_i^t 准确预测其对应的标签 y_i^t，其中，t 表示收集的数据时期，i 表示特定数据。

3. 动态数据聚类

聚类是将动态数据集合划分为若干组，也称为簇，这样就能将具有相似特征的项划分在一起。由于动态数据量大、维数高、难以概括或可视化，聚类提供了一种无监督的学习方法来自动确定动态数据中的底层结构，因此受到了许多研究人员的关注，并有着广泛的应用。聚类主要有两个问题：①找到内在的聚类数目；②基于有意义的相似性度量对动态数据进行适当的分组。对于数据流数据聚类而言，通常还要考虑以下五个要素：①每次只处理和使用当前时刻的数据集来训练模型，该数据集可以是一个样本或一个小样本数据集合，且这些数据最多被使用一次；②在有限的时间内使用样本；③使用有限的存储空间；④模型随时能够做出预测；⑤模型能够应对数据变化的发生，解决失效问题。

4. 动态数据搜索和检索

搜索和检索可以简单地定义为从大量的档案中检测一项目标活动，但随着日常生活中动态数据的急剧增长，在大型数据库中搜索动态数据已成为动态数据挖掘的一项重要任务。动态数据搜索与检索技术在大型动态数据库(如在线媒体库)的交互式探索中起着重要作用。该问题涉及如何在大量序列或单个长序列中高效地定位子序列，即查询。

5. 动态数据模式发现

模式发现的目的是在动态数据中发现有意义的模式，包括周期模式和异常模式。发现有意义的模式已经成为数据挖掘的重要任务之一，并且具有广泛的应用领域。特别是当领域专家导出的模式不存在或不完整时，需要一种从动态数据中自动发现特定模式或形状的算法。值得注意的是，这种算法不需要事先知道感兴趣的结构的数量，也不需要对所描述的模式进行详尽的解释。

6. 动态数据概念迁移与异常检测

生活中有很多事情不常见，但人们却很担心这种小概率事件的发生，异常检测就是用程序检测这些离群数据。例如，金融领域中信用卡欺骗越来越常见，由此造成的损失一向难以估计。这些欺诈行为严重地扰乱了正常的市场经济秩序，同时损害了公司以及诚信消费者的切身利益。但在动态数据中，概念迁移的数据很容易会被判定为异常数据，因此如何区分概念迁移现象与离群值或噪声(指一次性的随机偏差或异常)是一项艰巨的挑战。前一种需要发现这些数据，进行重点学习；而后一种则需要离群值检测，将数据剔除。例如，新产品的市场投放、客户行为的不确定性、感知器的老化磨损现象都会导致数据分布变化，这就要求模型对变化后的数据有较强的灵敏度，对新的变化进行学习，但如果模型学习了产品或客户异常数据，则会严重地影响模型的性能。

第4章 时间序列数据挖掘的集成学习算法

时间序列是一种广泛存在的数据,是由客观对象的某个物理量在不同时间点的取值按时间顺序排列而成的序列数据,时间序列客观记录了所观测的系统在各个单位时间点上的状态值,所以可以通过研究时间序列数据来辨识、重构和预测所观测系统的行为模式。时间序列数据挖掘(Han et al., 2011)与传统的数据挖掘最大的区别在于其数据的时效性与有序性,它是一个发现潜在有用的,与时间属性相关的信息与知识的过程。由于时间序列数据具有高维度、海量性、动态性与噪声干扰,这使得时间序列数据挖掘的工作充满挑战。集成学习通过构建并集成多个弱学习器来完成学习任务,有效地提升目标任务的性能与鲁棒性,因此集成学习被广泛用于时间序列数据挖掘技术的研究。本章将对时间序列数据挖掘领域的一些基本概念进行介绍,并对集成学习如何在数据流挖掘中应用进行详细阐述。

4.1 时间序列挖掘

4.1.1 问题描述

时间序列又称动态序列,是指序列数值依赖时间变化。时间序列具有普遍存在性(Keogh, 2005),多媒体数据、金融数据、气象数据、人口普查数据都是时间序列数据类型。一般地,一个含有 n 条样本的数据集 D,其在监督情况下的定义为 $D = \{(x_1, y_1), (x_2, y_2), \cdots, (x_n, y_n)\}$,在非监督情况下的定义为 $D = \{x_1, x_2, \cdots, x_n\}$。在每个样本中,$y_i$ 表示第 i 条样本的监督信息 $y_i \in \mathcal{Y}$。监督信息在分类与回归问题中具有不同表现形式,分类问题中 y_i 为离散值;回归问题中,y_i 表示连续值。其中,$x_i = (x_{i1}, \cdots, x_{it}, \cdots, x_{iT})$ 表示第 i 个时间序列样本,T 代表了该样本记录的时间长度,而 x_{it} 则表示在第 t 个时刻的观测值。

时间序列具有三种不同的解释(孙友强, 2014)。统计学上,时间序列为统计值按照时间先后顺序排列而成的一组数列;数学上,时间序列是特定的随机过程;系统上,时间序列是不同时刻系统的状态值。

时间序列数据挖掘旨在研究如何有效地从这些复杂的海量时间序列数据中挖掘隐藏的、有价值的信息与知识,已成为数据挖掘研究领域中主要的研究对象,具有重要的理论价值和现实意义。2005 年,香港中文大学的研究者做了一项关于数据挖掘研究中最具挑战性问题的研究报告,将时间序列数据挖掘列为数据挖掘中最具挑战性的十大研究方向之一(Yang Q et al., 2006)。以智慧医疗为例,研究人员对患者的心电图(electrocardiogram,

ECG)信号进行分类，辅助医生诊断患者的健康状态。

事实上，时间序列数据挖掘由三项主要工作组成，包括时间序列数据的表示、相似性度量的定义和挖掘任务。时间序列数据的表示是指在实际进行挖掘操作之前，以有效的方式表示时间序列数据。如果从时间序列数据中获得了适当的表示，那么另一个有趣的问题就是发现不同的时间序列数据在表示空间中的行为是否相似，这称为相似性度量。在以适当的形式表示时间序列数据并定义适当的相似性度量之后，算法将用于特定的时间序列数据任务，这也称为挖掘操作。根据基于广泛应用的时间序列数据任务的各种目标，数据挖掘任务分为五类：聚类、分类、预测、搜索和检索以及模式发现。然而，本章的工作主要集中于以下三类挖掘任务：聚类、分类与预测。

4.1.2 算法种类

时间序列数据挖掘按照使用模型数量的不同可以分为两类：单一模型和集成模型。两者的主要区别在于是否同时使用多个模型进行数据挖掘任务。

单一模型主要包括传统学习模型(Huang et al.，2003；Zhang et al.，2020)、机器学习模型(Khorram-Nia et al.，2015)和深度学习模型(Zheng et al.，2014；Cui et al.，2016；Wang et al.，2017；Karim et al.，2019；Fawaz et al.，2020)。

(1) 传统学习模型：基于数学的时序回归方法结构简单，应用广泛，如回归分析法(Zhang et al.，2020)、时间序列法(Huang et al.，2003)。然而，这些方法没有考虑时间序列数据的非线性关系，因此算法的预测性能难以提升。

(2) 机器学习模型：支持向量回归(support vector regression，SVR)(Khorram-Nia et al.，2015)利用核函数映射样本至高维空间，最后通过线性决策函数实现预测。它被广泛用于时间序列的挖掘分析。HMM 通常假定每个观测的状态由多个高斯分布生成。大量的实验和分析表明，一个高斯分布能降低计算开销，防止出现过拟合的风险。然而，在没有先验信息情况下，估计分布比较困难，因此这种假设并不适用于所有类型的时间数据。

(3) 深度学习模型：多尺度卷积神经网络(multi-scale convolutional neural network，MCNN)(Cui et al.，2016)利用多尺度卷积解决不同时间尺度特征问题。与 MCNN 不同，Inception-Time 模型(Fawaz et al.，2020)使用四个不同卷积尺寸的分支提取多尺度特征，并按通道维度进行融合。多通道深度卷积神经网络(multi-channel deep convolutional neural network，MDCNN)用于解决多变量时间序列分类问题(Zheng et al.，2014)。长短期记忆全卷积网络(long short-term memory full convolutional network，LSTM-FCN)模型(Karim et al.，2019)通过特征融合同时建模时序和空间特征，以学习时序依赖关系。其中，完全卷积网络(fully convolutional network，FCN)(Wang et al.，2017)基于端到端进行训练，无须对原始数据或特征进行任何预处理。

尽管单一模型取得了令人满意的性能，但是它仍存在以下问题(Pei et al.，2004)：①特征表示问题。单一的特征表示方法只能提取时间序列中某些特征信息，无法全面地反映出数据的属性。因此，如何高效地进行建模特征表示仍然是一个棘手的问题。②初始化问题。大多数挖掘算法的参数由随机函数生成，由于时间序列数据的特性较为复杂，在没有先验知识的条件下，挖掘结果的稳定性和准确性易受初始化参数影响。③性能问题。由于时间序列数据的复杂性，单个分类器难以获得好的泛化性能。如何为时间序列的分类设计一种泛化性能好的分类模型是要解决的另一问题。此外，在聚类分析中还存在模型选择问题，即如何正确地选择本征簇数。如何为时间序列的聚类算法开发一种更为有效的簇数识别方法是要解决的另一个关键问题。

基于集成学习的时间序列数据挖掘通常能够获得比单个模型性能更好的挖掘结构。与单模型相比，集成学习在数据挖掘中具有三大优势 (Ghaemi et al., 2009；Yang et al., 2011；Hajirahimi et al., 2019)：①集成多个不同性能的模型提高了挖掘任务的精度；②降低模型的预测方差，提高鲁棒性；③简化模型的选择过程。此外，集成学习能够挖掘聚类任务中新的簇信息，并且对于噪声、异常点、采样变化具有较强的抗干扰能力 (Yang et al., 2011)。由于集成学习在时间序列数据挖掘中的优势，这里主要介绍时间序列数据挖掘的集成学习算法。

4.1.3 性能评估

如何评价不同方法的性能是数据挖掘的主要研究对象。性能度量反映了任务需求，在不同数据挖掘任务中经常使用不同的评价标准。换言之，模型的"好/坏"是相对的，它不仅取决于算法和数据，还取决于具体的任务需求。本节分别介绍用于聚类、分类与回归任务的几种性能评价指标。

1. 聚类性能评价指标

聚类性能度量涉及聚类成员的紧密性和分离，前者表示每个簇的成员应该尽可能彼此靠近，后者表示簇间尽可能可分。对于 2-3D 聚类输出空间，可以通过主观视觉检查来评估聚类结果，这对于如时间序列数据之类的大型多维数据集来说通常是困难且昂贵的。为衡量聚类结果，定义以下评价指标。

1) 分类准确率

Gavrilov 等 (2000) 提出了将分类准确率作为最简单的聚类质量度量，以评估与真实标签相关的聚类结果。给定真实标签的聚类划分 $P^* = \{C_1^*, C_2^*, \cdots, C_K^*\}$ 以及聚类算法生成的聚类结果 $P = \{C_1, C_2, \cdots, C_K\}$，它们之间的相似性定义为

$$\mathrm{CA}(P^*, P) = \left[\sum_{i=1}^{K} \max_j \mathrm{Sim}(C_i^*, C_j) \right] / K \tag{4.1}$$

其中，$\mathrm{Sim}(C_i^*, C_j) = 2\dfrac{\left| C_i^* \cap C_j \right|}{\left| C_i^* \right| + \left| C_j \right|}$；$K$ 表示簇数。

2) 调整兰德指数

调整兰德指数 (adjusted Rand index，ARI) (Halkidi et al., 2002) 定义为

$$\mathrm{ARI}(P^*,P) = \frac{\sum_{i,j}\binom{N_{i,j}}{2} - \left[\sum_i\binom{N_i}{2}\sum_j\binom{N_j}{2}\right]\bigg/\binom{N}{2}}{\frac{1}{2}\left[\sum_i\binom{N_i}{2}+\sum_j\binom{N_j}{2}\right] - \left[\sum_i\binom{N_i}{2}\sum_j\binom{N_j}{2}\right]\bigg/\binom{N}{2}} \tag{4.2}$$

式中，N 为数据集中的样本数量；$N_{i,j}$ 为同时位于簇 $C_j^* \in P^*$ 中的簇 C_i 的样本数量；N_i 为簇 C_i 的样本数量；N_j 为簇 C_j^* 的样本数量。通常，ARI 值介于 0 和 1 之间。只有当划分与内部结构完全相同并且随机划分接近 0 时，指数值才等于 1。

3) 归一化互信息

归一化互信息（normalized mutual information，NMI）（Theodoridis et al.，1999）用来测量任意两个划分之间的一致性，这表示两个划分间共享的信息量。给定从目标数据集获得的一组划分 $\{P_t\}_{t=1}^T$，基于 NMI 的聚类评价指标是通过评估划分 P_a 和每个独立划分 P_m 之间的 NMI 的总和来确定的。因此，NMI 越大，表示两者越相似，并揭示了目标数据集的内在结构。然而，这种方法总是倾向于高度相关的划分，并支持数据集的平衡结构。NMI 计算如下：

$$\mathrm{NMI}(P_a,P_b) = \frac{\sum_{i=1}^{K_a}\sum_{j=1}^{K_b} N_{ij}^{ab}\log_2\left(\frac{NN_{ij}^{ab}}{N_i^a N_j^b}\right)}{\sum_{i=1}^{K_a}N_i^a\log_2\left(\frac{N_i^a}{N}\right) + \sum_{j=1}^{K_b}N_j^b\log_2\left(\frac{N_j^b}{N}\right)} \tag{4.3}$$

$$\mathrm{NMI}(P) = \sum_{t=1}^T \mathrm{NMI}(P,P_t)$$

其中，P_a、P_b 分别表示簇数为 K_a、K_b 的两个聚类划分；N_{ij}^{ab} 表示同时位于 P_a 的第 i 个簇和 P_b 的第 j 个簇的样本数量；N_i^a、N_j^b 分别表示 P_a 的第 i 个簇和 P_b 的第 j 个簇的样本数量。

2. 分类性能评价指标

与聚类任务不同，分类任务具有真实的数据标签。因此，直接使用预测结果与真实标签的一致性来衡量分类算法的性能。常用的分类性能评价指标有准确率（accuracy，Acc）和平均分数（average-score）F_{avg}。

1) 准确率

准确率 Acc 表示分类正确的样本占全部样本的比例。记 N 个样本的数据集 $D = \{(x_1,y_1),(x_2,y_2),\cdots,(x_N,y_N)\}$，其中，$y_i \in \{1,2,\cdots,C\}$ 表示第 i 条样本的标签，C 表示类别数量。分类模型 h 的预测结果为 $\{\hat{y}_1,\hat{y}_2,\cdots,\hat{y}_N\}$，其中，$\hat{y}_i$ 表示第 i 条样本的伪标签。准确率定义为

$$\mathrm{Acc}(h) = \frac{1}{N}\sum_{i=1}^N I(\hat{y}_i = y_i) \tag{4.4}$$

其中，$I(x)$ 为指示函数，当 x 为真时，取值为 1，否则为 0。

2) 平均分数 F_{avg}

F_{avg} 的定义如下：

$$F_{avg} = \frac{1}{C} \sum_{c} \frac{2 \cdot \text{Precision}(c) \cdot \text{Recall}(c)}{\text{Precision}(c) + \text{Recall}(c)}$$

$$\text{Precision}(c) = \frac{\sum_{i=1}^{N} I(\hat{y}_i = y_i = c)}{\sum_{i=1}^{N} I(\hat{y}_i = c)} \tag{4.5}$$

$$\text{Recall}(c) = \frac{\sum_{i=1}^{N} I(\hat{y}_i = y_i = c)}{\sum_{i=1}^{N} I(y_i = c)}$$

其中，$\text{Precision}(c)$ 与 $\text{Recall}(c)$ 分别为类别 c 的精确率(precision)与召回率(recall)。F_{avg} 将所有标签的精确率 $P(c)$ 和召回率的调和平均数的平均值作为评价指标。

3. 回归性能评价指标

回归任务使用预测误差评价预测模型，预测误差是实际值与系统预测值之间的差值，它与预测精度密切相关。预测误差越小，预测精度越高；反之，预测精度越低。常用的评价指标有平均绝对误差(mean absolute error，MAE)、均方误差(MSE)与均方根误差(root mean square error，RMSE)。

1) 平均绝对误差

$$\text{MAE}(h) = \frac{1}{N} \sum_{i=1}^{N} |\hat{y}_i - y_i| \tag{4.6}$$

其中，$\hat{y}_i \in \mathbb{R}, y_i \in \mathbb{R}$ 分别为第 i 个样本模型 h 的预测与真实结果。注意，与分类问题不同，y_i 在回归问题中为实数。

2) 均方误差

$$\text{MSE}(h) = \frac{1}{N} \sum_{i=1}^{N} |\hat{y}_i - y_i|^2 \tag{4.7}$$

均方误差基于平方的形式便于求导，因此常被用作回归任务的损失函数。

3) 均方根误差

$$\text{RMSE}(h) = \sqrt{\frac{1}{N} \sum_{i=1}^{N} |\hat{y}_i - y_i|^2} \tag{4.8}$$

RMSE 衡量预测值与真实值之间的误差。

4.2 时间序列集成学习算法

集成学习通过组合使用不同的模型确实可以提高时间序列数据挖掘任务的性能,同时能提高模型的泛化性和鲁棒性。此外,通过融合策略组合多个模型,避免了模型的选择过程。本章将介绍三类时间序列集成学习算法:时间序列聚类集成、时间序列分类集成与时间序列回归集成(regression ensemble)(图 4.1)。

图 4.1 时间序列数据挖掘集成学习算法分类

4.2.1 时间序列聚类集成

随着集成学习算法研究队伍的不断壮大,聚类集成学习(clustering ensemble learning)技术也得到了快速的发展,各种聚类集成算法被广泛应用于生物医学、图像处理、视频分析等研究领域。一般来说,此类算法试图通过结合多个聚类方案到一个综合的聚类模型中,以取得更好的聚类性能。聚类集成通常包含两个步骤。首先,通过运行多次初始聚类分析获得多个划分。然后,通过一致性函数把多个划分整合成一个一致划分。现有的聚类集成学习算法主要在这两方面存在差异。在第一步生成多个成员划分时,是否能够产生高质量和差异大的成员划分器集合是决定集成学习结果好坏的重要因素。对于聚类集成学习算法,很多方法可以用来产生多个成员划分器,常用的方法有:①在同一数据集上使用不同的聚类算法,以产生不同的聚类结果(Strehl et al.,2002);②使用同一聚类算法,但结合不同的初始化和参数设置来产生不同的聚类结果(Yang et al.,2009);③在同一数据集的多个特征空间中使用相同的聚类算法,以产生不同的聚类结果(Rafiee et al.,2013);④对目标数据集进行学习样本采样,在不同的学习样本空间中使用相同的聚类算法,以产生不同的聚类结果(Strehl et al.,2002)。在融合多个成员划分时,需要使用具体的一致性函数把多个成员划分合理地整合为最终的一致聚类结果。在过去十多年中,研究人员提出了多种多样的一致性函数,其大致可分为五类:图形划分方法(hyper-graphic partitioning approach)(Fern et al.,2004)、基于联合矩阵的方法(co-association-based approach)(Fred et al.,2005)、基于投票表决机制的方法(voting-based approach)(Fischer et al.,2003b)、基于互信息的方法(mutual information-based approach)(Azimi et al.,2007)和有限混合模型方法(finite mixture model approach)(Topchy et al.,2005)。近十年来,聚类集成算法有了很大的发展,尤其在一致性函数方面,不断出现新的方法。

聚类集成学习(Ghaemi et al.，2009；Yang et al.，2011)合并多个聚类结果为一个一致性划分能够有效地提升聚类的鲁棒性，获得比单个聚类划分平均性能更好的聚类集成结果。然而，如何在没有任何先验信息的情况下将各种聚类结果融合成一个最佳划分仍然是一个严峻的挑战。基于 HMM 的双加权聚类集成模型(bi-weighted ensemble via HMM-based approaches)(Yang et al.，2018)能自适应地检查划分过程，从而优化了一致性函数的融合。具体来说，由不同初始化条件的 HMM 生成多个划分，将生成的多个划分合并为一个双加权的超图表示，最后结合聚类算法和基于树图的相似性分割来生成和优化最终的一致性划分。算法详细描述如下。

1. 基于 HMM 的初始聚类

首先，介绍基于 HMM 的聚类算法。HMM 通过三元组 $\lambda = \{\pi, A, B\}$ 来指代，其中通过指定初始状态概率 $\pi = \{\pi_i\}_{i=1}^{S}$，状态转移概率 $A = \{a_{ij}\}_{i=1, j=1}^{S, S}$，输出观测概率 $B = \{b_i\}_{i=1}^{S}$，状态变量为 $\{1, 2, \cdots, S\}$。对于连续值的时序数据，如时间序列，通常假定每个观测的状态由多个高斯分布生成，指定一个高斯分布 $b_i = \{\mu_i, \sigma_i^2\}$ 对连续值时间序列数据进行建模。相应而言，时序数据可以建模为具有 S 个状态的 K 个 HMM，即 $\Lambda = \{\lambda_1, \lambda_2, \cdots, \lambda_K\}$，初始 $\lambda_k = \{\pi^k, A^k, B^k\}$ 表示为三个模型参数时间序列数据聚类，状态 S 由均值为 $\{\mu_1^k, \mu_2^k, \cdots, \mu_S^k\}$ 和方差为 $\{\sigma_1^{k2}, \sigma_2^{k2}, \cdots, \sigma_S^{k2}\}$ 的高斯分布观测生成。

基于 HMM 的融合聚类是一个自适应训练过程，每个数据项视为由一个 HMM 表示的聚类，在整个数据集 $X = \{x_n\}_{n=1}^{N}$ 上训练 N 个 HMM $\{\lambda_n\}_{n=1}^{N}$。合成模型的新簇 k 由最近的一对簇 i 和 j 合并生成，合成模型由其子模型的参数 $\lambda_k = \{\lambda_i, \lambda_j\}$ 表示。重复上述过程直至达到终止条件(如预定义的簇数)。每次迭代中，根据 Kullback-Leibler(KL)散度距离度量选择需要合并的最近邻簇 i 和 j：

$$d_{\mathrm{KL}}(\lambda_i, \lambda_j) = \sum_x p(\lambda_i)[\log_2 p(x | \lambda_i) - \log_2 p(x | \lambda_j)] \tag{4.9}$$

本书中，簇 i 和 j 之间的距离定义为对称的 KL 散度，详细定义如下：

$$d_{\mathrm{KL}}^{\mathrm{sym}}(\lambda_i, \lambda_j) = \frac{1}{2}[d_{\mathrm{KL}}(\lambda_i, \lambda_j) + d_{\mathrm{KL}}(\lambda_j, \lambda_i)] \tag{4.10}$$

同样地，由合成模型 $\lambda_i = \{\lambda_{i1}, \lambda_{i2}, \cdots\}$ 和 $\lambda_j = \{\lambda_{j1}, \lambda_{j2}, \cdots\}$ 表示两个簇 i 和 j 之间的距离定义为

$$d(\lambda_i, \lambda_j) = \frac{1}{|\lambda_i| \times |\lambda_j|} \sum_{\lambda_{ia} \in \lambda_i} \sum_{\lambda_{jb} \in \lambda_j} d_{\mathrm{KL}}^{\mathrm{sym}}(\lambda_{ia}, \lambda_{jb}) \tag{4.11}$$

其中，λ_{ia}、λ_{jb} 分别为合成模型 λ_i、λ_j 的子模型。

2. 双加权聚类集成

基于 HMM 的双加权聚类集成由三部分组成：双加权机制、双加权超图以及基于 DSPA 的一致性函数。图 4.2 给出了双加权聚类集成的框架图。从下至上，算法包含两个阶段：

初始化聚类分析和基于模型选择的双加权聚类集成。首先，在不同初始化条件下，利用基于 HMM 的 K-模型生成目标数据集的多个输入划分。其次，引入一种双加权机制，不仅可以根据聚类质量，还可以根据簇的大小为输入划分分配合适的权重。双加权机制通过最优一致性函数和集成学习来解决初始化敏感和模型选择问题。

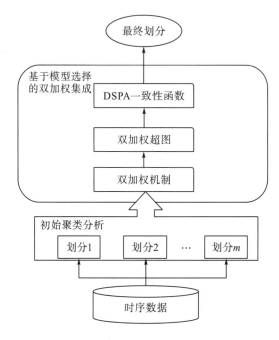

图 4.2　双加权聚类集成框架图

由于这两个权重本质上都可以从聚类集合的成本函数中推导出来，因此通过所提出的加权方案，输入划分被重新合并为双加权超图表示。通过对双加权超图进行敏感处理，并将 DSPA 应用于双加权超图，以自动确定簇数来优化最终划分，从而使所提出的方法能够获得更好的性能。

3. 双加权机制

为了确保聚类及其划分，根据其重要性对一致性函数做出建设性贡献，引入一种自适应双加权机制来优化输入划分的融合。在双加权机制下，提出的算法不仅根据各划分的聚类质量对其分配相应的权重，而且根据簇类的结构信息对同一划分的各簇分配不同的权重，其具体的公式推导和理论分析如下。

给定目标数据集 $\{x_n\}_{n=1}^{N}$，一致性函数的作用是找出对目标数据集进行初始化聚类分析产生的多个划分 $\{P^m\}_{m=1}^{M}$ 中最为相似的融合划分。给定距离度量 d，为了获得最优的一致性划分 P^r，可以通过最小化下述损失函数实现：

$$L = \sum_m w_m d(P^m, P^r) \tag{4.12}$$

其中，w_m 为划分 P^m 的权重，$\sum_m w_m = 1$。在基于 HMM 的聚类中，每个划分 P^m 可以表示为一个混合生成模型的概率分布 $p_m(x_n) = \sum_{k_m} p(k_m) p(x_n \mid \lambda_{k_m}^m)$，$\{\lambda_{k_m}^m\}_{k_m=1}^{K_m}$ 是混合生成模型的参数，K_m 是划分 P^m 的簇数，$c_{k_m}^m(x) = p(x \mid \lambda_{k_m}^m)$ 表示划分 P^m 的簇，$p(k_m)$ 表示先验概率。根据 KL 散度距离度量，式(4.12)中的损失函数可以进一步写为

$$
\begin{aligned}
L &= \sum_m w_m d(p^m, p^r) \\
&= \sum_m w_m \sum_n p_m(x_n) \log_2 \frac{p_m(x_n)}{p_r(x_n)} \\
&= \sum_m w_m \sum_n \sum_{k_m} p(k_m) p(x_n \mid \lambda_{k_m}^m) \log_2 \frac{p_m(x_n)}{p_r(x_n)} \\
&= \sum_m w_m \sum_{k_m} p(k_m) \left[\sum_n p(x_n \mid \lambda_{k_m}^m) \log_2 p_m(x_n) - \sum_n p(x_n \mid \lambda_{k_m}^m) \log_2 p_r(x_n) \right] \\
&= \sum_m w_m \sum_{k_m} p(k_m) [-H(c_{k_m}^m) - d_{\mathrm{KL}}(c_{k_m}^m, p_m) + H(c_{k_m}^m) + d_{\mathrm{KL}}(c_{k_m}^m, p_r)] \\
&= \underbrace{\sum_m w_m \sum_{k_m} p(k_m) [-d_{\mathrm{KL}}(c_{k_m}^m, p_m)]}_{L_1} + \underbrace{\sum_m w_m \sum_{k_m} p(k_m) [d_{\mathrm{KL}}(c_{k_m}^m, p_r)]}_{L_2}
\end{aligned}
\tag{4.13}
$$

其中，$H(p) = H(X) = -\sum_n p(x_n) \log_2 p(x_n)$ 是目标数据集 $X = \{x_n\}_{n=1}^N$ 所对应的香农熵，根据信息理论，其测量乱度或者系统的不确定性。熵的值越大，系统成员间的相似度越小。$H(p,q) = -\sum_n p(x_n) \log_2 q(x_n)$ 是两个概率分布 p 和 q 之间的交叉熵。p 和 q 之间的 KL 距离定义为 $d_{\mathrm{KL}}(p,q) = H(p,q) - H(p)$。式(4.13)的损失函数可以分为两部分，前者记为 L_1，表示初始聚类分析中产生的多划分的聚类质量，后者记为 L_2，表示聚类集成学习的质量，因此整个聚类集成算法的性能依赖于这两部分。L_1 的值越小，意味着划分的聚类质量越好，输入划分 P^m 的聚类质量可以表示为

$$
\mathrm{CQ}_m = \sum_{k_m} p_r(k_m) [-d_{\mathrm{KL}}(c_{k_m}^m, p_m)]
\tag{4.14}
$$

CQ_m 的最小值代表划分 P^m 的最佳质量，即簇内部的距离最小化，而簇间的距离最大化。直观地，划分权重(partition weight)应该由 L_1 的最小代价确定，其中，较大的权重应该被分配给具有较好聚类质量的划分，此类划分由较小的 CQ_m 值所决定。然而，这种简单的方法可以分配一个单一的最大权重给具有最小 CQ_m 值的划分，同时其他划分的权重都被置零。在这种情况下，融合函数转变成选择函数。为了使初始聚类分析中产生的所有划分参与集成学习的过程，在 L_1 中引入一个表示划分权重负熵的正则项 $w_m \log_2 w_m$，构成了一个正则化的代价函数：

$$L_3 = \sum_m \left\{ w_m \sum_{k_m} p_r(k_m)[-d_{KL}(c_{k_m}^m, p_m)] + \beta w_m \log_2 w_m \right\} \tag{4.15}$$
$$= \sum_m (w_m CQ_m + \beta w_m \log_2 w_m)$$

其中，$\beta \geq 0$ 是控制正则项强度的参数，增加它的值将会加大所有划分参与集成学习的积极性。因此，各划分的权重可以通过求解 L_3 的最小代价值来确定：

$$w_m = \frac{\exp(-CQ_m / \beta)}{\sum \exp(-CQ_m / \beta)} \tag{4.16}$$

一旦对目标数据集进行初始聚类分析，产生多个划分，然后就可以根据式(4.16)计算这些划分的权重，由此可以把上述代价函数 L 的第一项 L_1 定义为常数项，此时，求 L 的最小代价值等同于求 L_2 的最小值。在代价函数 L_2 中，第一层权重通过式(4.16)得到划分权重 w_m，第二层则是簇的权重，可以定义为

$$w_{k_m}^m = p(k_m) = \frac{N_{k_m}^m}{N} \tag{4.17}$$

其中，$N_{k_m}^m$ 是指在划分 P^m 中的簇 $C_{k_m}^m$ 中数据点的数目，而 N 是所有数据点的数目。

4. 构造双加权超图

为了利用基于超图的一致性函数生成一致性划分，需要进一步处理多个输入划分。将输入划分 P^m 映射到邻接矩阵构成一个二元成员矩阵 $H^m = \{h_{k_m}^m\}_{k_m=1}^{K_m}$，通过合并所有的二元成员矩阵，映射输入划分到超图 $H = \{H^m\}_{m=1}^M$。超图中的 N 个顶点表示数据集 $X = \{x_n\}_{n=1}^N$ 的 N 个对象，每条边 $h_{k_m}^m$ 表示在划分 P^m 中对象是否属于簇 k_m。为了通过双加权机制进一步提升基于超图的一致性划分，提出了双加权超图 WH，详细描述如式(4.18)所示。此外，图 4.3 给出了简单的例子。

$$WH = \left\{ \sqrt{w_m} WH^m | WH^m = \left\{ \sqrt{w_{k_m}^m} h_{k_m}^m \right\}_{k_m=1}^{K_m} \right\}_{m=1}^M \tag{4.18}$$

	P^1	P^2	P^3
x_1	1	2	1
x_2	1	2	1
x_3	1	2	2
x_4	2	3	2
x_5	2	3	3
x_6	3	1	3
x_7	3	1	3

$P^1 \to H^1$ h_1^1 h_2^1 h_3^1	$P^2 \to H^2$ h_1^2 h_2^2 h_3^2	$P^3 \to H^3$ h_1^3 h_2^3 h_3^3
1 0 0	0 1 0	1 0 0
1 0 0	0 1 0	1 0 0
1 0 0	0 1 0	0 1 0
0 1 0	0 0 1	0 1 0
0 1 0	0 0 1	0 0 1
0 0 1	1 0 0	0 0 1
0 0 1	1 0 0	0 0 1

(a)数据 $\{x_n\}_{n=1}^7$ 上的三个划分   (b)二元超图 $H = \{H^m\}_{m=1}^M$

$P^1 \to H^1$			$P^2 \to H^2$			$P^3 \to H^3$		
h_1^1	h_2^1	h_3^1	h_1^2	h_2^2	h_3^2	h_1^3	h_2^3	h_3^3
$\sqrt{w_1 w_1^1}$	0	0	0	$\sqrt{w_2 w_2^2}$	0	$\sqrt{w_3 w_1^3}$	0	0
$\sqrt{w_1 w_1^1}$	0	0	0	$\sqrt{w_2 w_2^2}$	0	$\sqrt{w_3 w_1^3}$	0	0
$\sqrt{w_1 w_1^1}$	0	0	0	$\sqrt{w_2 w_2^2}$	0	0	$\sqrt{w_3 w_2^3}$	0
0	$\sqrt{w_1 w_2^1}$	0	0	0	$\sqrt{w_2 w_3^2}$	0	$\sqrt{w_3 w_2^3}$	0
0	$\sqrt{w_1 w_2^1}$	0	0	0	$\sqrt{w_2 w_3^2}$	0	0	$\sqrt{w_3 w_3^3}$
0	0	$\sqrt{w_1 w_3^1}$	$\sqrt{w_2 w_1^2}$	0	0	0	0	$\sqrt{w_3 w_3^3}$
0	0	$\sqrt{w_1 w_3^1}$	$\sqrt{w_2 w_1^2}$	0	0	0	0	$\sqrt{w_3 w_3^3}$

(c)双加权超图WH

图 4.3　双加权超图实例

5. 基于树状图相似性划分算法的一致性函数

基于超图的一致性划分需要预定义簇数，在集成模型中利用基于树状图的相似性划分算法(DSPA)自动确定簇数，进一步提升模型性能。DSPA 的整个过程可以具体描述为以下三个步骤。

(1)变换双加权超图为邻接矩阵 $S = (WH)(WH)^{\mathrm{T}}$，邻接矩阵 S 反映了多个划分中所有数据点之间的相似度。

(2)通过平均连接方法转换相似矩阵 S 为树状图，其中水平轴表示给定数据集中的数据点，垂直轴表示集群之间的距离或差异。

(3)获得一致划分，通过对连续合并的簇之间距离最大的点进行树状图切割，自动确定一致划分中簇的内在数量。

4.2.2　时间序列分类集成

分类集成中具有代表性的方法如下。弹性集成(elastic ensemble，EE)算法(Lines et al.，2015)集成多种距离度量：加权和导数动态时间规整、最长公共子序列、带实际惩罚的编辑距离、带编辑的时间扭曲以及移动-拆分-合并。这些度量在时域内运行，并通过一些弹性调整来补偿潜在的局部失准。接着，使用 1-NN 算法进行分类，最后加权投票法融合多个分类结果。

子序列集成(shapelet ensemble，SE)算法(Cetin et al.，2015)集成了多个 shapelets 决策树，提升分类准确率。其中，shapelets 表示具有判别性的子序列，shapelets 由 Ye 和 Keogh 于 2011 年首次提出(Ye et al.，2011)。然而，查找形状的两种主要方法是通过枚举训练集中的候选形状或搜索具有梯度下降形式的所有可能形状的空间，这种实现复杂性很高。

此外，研究人员提出了异构集成学习算法。基于变换集合的集成(collective of transformation-based ensemble，COTE)算法(Bagnall et al.，2015)和基于变换集合的层次投票集成(hierarchical vote collective of transformation-based ensemble，HIVE-COTE)算法(Lines et al.，2018)是两个大规模集成算法的代表。前者集成了 35 个分类器和多种数据表示，采用投票法进行决策；后者增加了两个分类器和两种数据表示，并采用分层投票法产生最终结果。

时间序列森林(time series forest，TSF)(Deng et al.，2013)用于时间序列分类的树集成方法，它结合熵增益和距离度量来评估分割。TSF 在每个树节点处随机采样特征，并且在时间序列长度上具有线性计算复杂度，可以使用并行计算技术来构建。TSF 算法描述如下。

为了方便分析，假设时间序列的值是以等间隔测量的，并且还假设训练和测试时间序列实例具有相同的长度 T。

1. 间隔特征

TSF 使用间隔特征，它根据时间序列间隔计算。一般使用简单和可解释的特征，例如，时间 10 和时间 30 之间的时间序列段的平均值。令 $f_k(\cdot)(k=1,2,\cdots,K)$ 表示第 k 类间隔特征，K 表示特征类型数。主要使用三种间隔特征：f_1=均值，f_2=标准差，f_3=斜率。设 $f_k(t_1,t_2)$，$1\leqslant t_1\leqslant t_2\leqslant T$ 表示时间间隔 t_1 与 t_2 上的第 k 类特征。以第 i 个时间序列样本为例，三种类型特征定义如下：

$$f_1(t_1,t_2)=\frac{\sum\limits_{t=t_1}^{t_2}x_{it}}{t_2-t_1+1} \tag{4.19}$$

$$f_2(t_1,t_2)=\begin{cases}\sqrt{\dfrac{\sum\limits_{t=t_1}^{t_2}\left[x_{it}-f_1(t_1,t_2)\right]^2}{t_2-t_1}}, & t_2>t_1\\ 0, & t_2=t_1\end{cases} \tag{4.20}$$

$$f_3(t_1,t_2)=\begin{cases}\hat{\delta}, & t_2>t_1\\ 0, & t_2=t_1\end{cases} \tag{4.21}$$

其中，$\hat{\delta}$ 为训练集合 $x_i=(x_{i1},\cdots,x_{it},\cdots,x_{iT})$ 的最小二乘回归线的斜率；x_{it} 为第 i 个时间序列样本在第 t 个时刻的观测值。

2. 分裂准则

时间序列树是 TSF 的基本成分，而分裂准则用于确定拆分树中节点的最佳方式。阈值记为 τ，时间序列树节点中的候选划分测试下列条件(为简单起见，假设此处为根节点)：

$$f_k(t_1,t_2)\leqslant\tau \tag{4.22}$$

满足条件的样本划分为左侧子节点。否则，将样本划分为右侧子节点。

重要的是获取式 (4.22) 中的阈值 τ，设 $\{f_k^n(t_1,t_2),n\in 1,2,\cdots,N\}$ 表示节点处所有训练实例

的第 k 类特征 $f_k(t_1,t_2)$ 的集合。为了避免排序带来的计算复杂性，使用 Rodriguez 与 Alonso 提出的策略。构建特定类型特征 f_k 的候选阈值，确保 $[\min_{n=1}^{N}\{f_k^n(t_1,t_2),\max_{n=1}^{N}f_k^n(t_1,t_2)\}]$ 的范围被划分为相等的宽度间隔。候选阈值的数量表示为固定的 κ，如 20。然后从候选阈值中选择最佳阈值。这样就避免了排序，只需要进行 κ 测试。

此外，需要一个分裂准则来定义最佳分割 S^*：

$$f^*(t_1^*,t_2^*) \leqslant \tau^* \tag{4.23}$$

采用熵增益和距离度量的组合作为分裂准则。熵增益通常用作树模型中的分裂准则。将树节点上对应于类 $\{1,2,\cdots,C\}$ 的实例比例分别表示为 $\{p_1,p_2,\cdots,p_C\}$。节点处的熵定义为

$$H = -\sum_{c=1}^{C} p_c \log p_c \tag{4.24}$$

熵增益 ΔH 划分的熵是子节点处熵的加权和与父节点处熵之间的差值，其中，子节点处的权重是分配给该子节点的实例的比例。然而，时序分类中候选划分集合比较大，多个划分具有相同的熵增益。因此，考虑一种称为间隔的额外度量，它计算候选阈值与其最近特征值之间的距离。$f_k(t_1,t_2) \leqslant \tau$ 的划分间隔写为

$$\text{Margin} = \min_{n=1,2,\cdots,N} \left| f_k^n(t_1,t_2) - \tau \right| \tag{4.25}$$

其中，$f_k^n(t_1,t_2)$ 为节点中第 n 个样本的第 k 类特征值。一个新的分裂准则 E 定义为熵增益和间隔之和。

$$E = \Delta H + \beta \text{Margin} \tag{4.26}$$

其中，β 足够小，因此 β 在模型中的唯一作用是打破仅由熵增益产生的联系。显然，应该选择具有最大 E 的划分来分裂节点。此外，间隔和 E 对特征的尺度敏感，如果不同类型的特征具有不同的尺度，采用以下策略：对于每类特征 f_k，选择具有最大 E 的划分。为比较不同类型特征，选择 ΔH 最大的划分。如果来自不同类型的最佳划分具有相同的最大值 ΔH，在多个最佳划分中随机选择其中一个。

3. 时间序列树和时间序列森林

时间序列树的构建遵循自上而下的递归策略，类似于标准决策树算法，但使用入口增益作为分割标准。此外，TSF 还考虑了随机森林中采用的特征随机抽样策略。在每个节点，算法从 q 个特征组成的完整特征集中随机采样 $\sqrt{q}$ 个特征。在每个时间序列树的节点中，考虑随机采样 $O(\sqrt{T})$ 间隔大小和 $O(\sqrt{T})$ 起始位置。因此，特征空间被减少到 $O(T)$。

时间序列树算法如表 4.1 所示。为了简单起见，假设不同类型的特征尺度相同，以便比较 E。如果不同类型的特征具有不同的比例，则可以使用前面提到的策略，即对于每类特征 f_k，选择具有最大 E 的划分。此外，TSF 选择 ΔH 最大的划分来比较不同类型特征的最佳划分。此外，如果熵增益 ΔH 没有改善，此节点为叶子节点(例如，所有特征都具有相同的值或所有实例都属于同一类)。TSF 是时间序列树的集合。TSF 根据来自所有时间序列树的投票预测测试实例为多数类。

表 4.1　时间序列树 tree（data）算法

输入：　data $= \{x_1, x_2, \cdots, x_N\}$，特征类型数 K。

步骤：

1. $<T_1, T_2> =$ sample()，随机抽样时间间隔

2. 计算 Threshold$_k$，每个类型特征 k 的候选阈值集合

3. $E^* = 0, \Delta H^* = 0, t_1^* = 0, t_2^* = 0, f^* = \varnothing$

4. for $<t_1, t_2>$ in $<T_1, T_2>$ do

5. 　for k in $1:K$ do

6. 　　for τ in Threshold$_k$ do

7. 　　　计算 $f_k(t_1, t_2) \leqslant \tau$ 的 ΔH 与 E

8. 　　　if $E > E^*$ then

9. 　　　　$E^* = E, \Delta H^* = \Delta H, t_1^* = t_1, t_2^* = t_2, f^* = f_k, \tau^* = \tau$

10. 　　　end if

11. 　　end for

12. 　end for

13. end for

14. if $\Delta H^* = 0$ then

15. 　标记该节点为叶子节点并返回

16. end if

17. data$_{\text{left}} \leftarrow f^*(t_1^*, t_2^*) \leqslant \tau^*$ 的时间序列

18. data$_{\text{right}} \leftarrow f^*(t_1^*, t_2^*) > \tau^*$ 的时间序列

19. tree(data$_{\text{left}}$)

20. tree(data$_{\text{right}}$)

21.结束

输出：最终的生成树 tree。

4.2.3　时间序列回归集成

回归集成通过不同数据集或不同预测算法训练不同个体学习器并给出预测结果，然后对预测结果进行集成，从而得到最终的预测值。

回归集成经常使用的组合策略为平均集成和模型性能集成。平均集成策略取多个模型的预测输出的均值作为最终预测结果，由于其简单而被广泛使用。但是该策略赋予每个分类器相同的重要性，因此均值集成法对异常值非常敏感。考虑不同模型之间的差异性，一个合理的假设是验证集上性能好的模型泛化性更好。基于此，提出基于验证集预测性能的权重估计方法，基于估计的权重对多个模型进行加权集成。常用的权重估计方法包括均方根误差倒数（inverse root mean squared error）法（Diebold et al.，1987）、指数加权平均（exponentially weighted averaging）法（Littlestone et al.，1994）等。

针对时间序列回归问题，研究人员提出了大量集成回归预测方法。Zhang（2003）提出基于序列分解的集成学习，它将时间序列分解为线性和非线性的，然后分别用差分自回归移动平均（autoregressive integrated moving average，ARIMA）模型和多层感知器（multi-layer perceptron，MLP）方法建模。其中，MLP 模型用来处理 ARIMA 模型的输出。这种串联结构按顺序处理每个模型的输出，能有效地分解底层时间序列。当然，模型的串

联顺序对预测性能具有决定性作用。

与统计方法相结合，Wang 等(2015)提出了一种混合预测方法，结合 ARIMA 模型和极限学习机(extreme learning machine，ELM)来实现风速预测，该方法可以根据风序列的特点自适应地采用预测模型。

为动态估计各个弱学习器的权重，Xiao 等(2018)在时间变化预测有效性 AdaBoost (time-vary-forecasting-effectiveness AdaBoost，TV-FE-AdaBoost)算法的基础上开发了一种可靠的风速预测组合模型。该模型首次使用概念漂移来处理风速时间序列，并使用二阶预测有效性来衡量弱学习者的表现。然后，使用 TV-FE-AdaBoost 模型对每个站点进行多步预测，接着以合理的方式确定输入-输出样本对。最后，通过对每个弱学习者的预测结果进行聚合，得到最终的预测结果。

可迁移的双向长短期记忆(transferred bi-directional long short-term memory，TL-BLSTM)模型(Ma et al.，2019)迁移小时间分辨率的知识至大时间分辨率，并利用双向 LSTM 来学习 PM2.5 的长期依赖关系，该方法能有效发现时间序列模式，对大时间分辨率具有高效性。

多步预测(multi-step forecasting，MSF)(Galicia et al.，2019)集成模型主要用于大数据时间序列的预测任务。该集成模型包含三种不同的方法：决策树、梯度提升树(gradient boosted trees，GBT)与随机森林。集成方法通过使用加权平方最小方法为每种方法分配不同的权重，该方法优化了给定预测时间内集成预测中每种方法预测的贡献。因此，该方法是通过使用加权多数投票来集成三个基础模型，其中，权重是使用最小二乘法基于这些模型在验证集上的性能来计算的。值得注意的是，为实现任意时间步的预测，该模型将多步预测问题转化为多个单步预测问题。该模型的具体描述如图 4.4 所示。

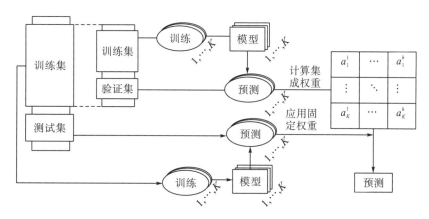

图 4.4　多步时间序列预测集成模型

1. 多步预测

给定 N 个训练样本 $\{x_1, x_2, \cdots, x_N\}$，其中，$x_i = (x_{i1}, \cdots, x_{it}, \cdots, x_{iT})$ 表示第 i 个时间序列样本，T 代表该样本记录的时间长度，而 x_{it} 则表示在第 t 个时刻的观测值。基于过去的 ω 步预测后面 h 步的时间序列值。多步预测问题的定义为

$$[x_{t+1}, x_{t+2}, \cdots, x_{t+h}] = f(x_{t-\omega+1}, \cdots, x_{t-1}, x_t) \tag{4.27}$$

划分多步预测问题为多个单步预测子问题，目标函数定义如下：

$$x_{t+1} = f_1(x_{t-\omega+1}, \cdots, x_{t-1}, x_t)$$
$$\vdots \tag{4.28}$$
$$x_{t+h} = f_h(x_{t-\omega+1}, \cdots, x_{t-1}, x_t)$$

因此，在每个子问题中，模型使用大小为 ω 的相同输入数据，从预测窗口 h 中预测不同的目标值。使用式(4.28)，模型没有考虑 h 个连续值 $x_{t+1}, x_{t+2}, \cdots, x_{t+h}$ 之间的现有可能关系。

2. 基学习器

MSF 包含三个异构的基学习器：决策树、梯度提升树与随机森林。

决策树：能够对属性和目标变量之间的非线性关系进行建模，而且生成的决策树具有更好的可解释性(基于 if-then 规则)。决策树通过特征空间的递归划分来构建，即迭代地进行特征选择和子树生成。每一步，选择信息增益最高的属性，并基于该特征划分数据。对划分的每个子集递归地重复该过程，直到满足停止条件。当没有具有足够高的信息增益的分割候选时，或者当达到预先指定的最大树深度时，树停止生长。在预测时，从树的根节点开始，沿着对应于实例值的路径，直到到达叶节点并获得预测。

梯度提升树：结合了一组决策树的集合，它将梯度下降方法引入解决回归问题的方法。梯度提升树以串行方式创建决策树的集合。因此，在添加新的树时，会考虑上一棵树产生的误差。

随机森林：同样是集成多个决策树。与梯度提升树不同，随机森林并行训练多个树。随机森林采用 Bagging 构建不同的数据子集来训练每个决策树，这种抽样策略能保证训练决策树之间的多样性。不同于 Bagging，它在每个节点上选择最佳属性时，只考虑该节点上所有可用特征的子集，而不是所有特征。因此，随机森林使用随机样本和随机特征。在预测时，随机森林通过平均策略组合多个决策树来获得最终结果。

3. 集成模型

集成学习通过组合多个模型以改进其组合的单基模型的结果。集成学习中组合多个模型的加权策略非常重要，最简单的是平均组合策略。然而，平均组合赋予每个模型相同的重要性，这阻碍了集成学习的性能，尤其是模型之间性能差异较大时。MSF 使用加权平均组合来代替通过取单个预测的平均值来组合预测，其中，每个算法的不同权重基于其先前的性能来计算。模型最小化验证集上的预测误差以计算加权预测的系数。设 K 是形成集成模型的算法的数量。假设验证集由 N^v 个实例组成，h 是预测范围。然后，应用加权最小二乘法来最小化 K 个算法的预测与验证集的 N^v 个实例的实际值之间的平方误差。求解权重的公式定义如下：

$$\hat{P}^j \alpha^j = y^j \tag{4.29}$$

其中，$\hat{P}^j \in \mathbb{R}^{N^v \times K}$ 为每个算法在验证集上预测的第 j 个值的结果；$\alpha^j \in \mathbb{R}^K$ 为每个算法相应的权重；$y^j \in \mathbb{R}^{N^v}$ 为相应的真实值。式(4.29)最小化预测值与真实值之间的差异以计算各个算法的权重。

　　MSF 通过获取的权重加权各个算法的预测结果以获得最终的预测。假设测试集有 N' 个实例，矩阵 $\hat{P} \in \mathbb{R}^{N' \times K}$ 表示 K 个算法加权预测融合的结果，定义如下：

$$\hat{P} = [\hat{Q}^1 \alpha^1, \cdots, \hat{Q}^h \alpha^h] \tag{4.30}$$

其中，$\hat{Q}^j \in \mathbb{R}^{N' \times h}$ 表示每个算法在测试集上的第 j 个值的结果。因此，$\hat{Q}^j \alpha^j \in \mathbb{R}^{N'}$ 表示集合模型在测试集预测上预测的第 j 个值的结果。MSF 处理的是多步时间序列预测，因此权重定义为矩阵形式。

第5章　数据流数据挖掘的集成学习算法

数据流是一串随时间延续且无限增长的动态数据集合，每个数据均对应一个时间标记，代表在时间维度上的先后顺序。简单来说，数据流就是一组随时间采集的数据集，无固定大小。因此，数据流挖掘为传统静态数据挖掘技术带来了全新的挑战，既需要模型具备增量式、实时、准确地处理数据的能力，又需要模型能够很好地适应数据流的非平稳特性，即分布变化带来的概念漂移问题。而在数据流挖掘的算法中，由于集成学习在处理数据流的非平稳特性上具有较强的优势，集成学习方法在数据流挖掘领域得到了广泛的应用。本章将对数据流挖掘领域的一些基本概念进行介绍，并对集成学习如何在数据流挖掘中应用进行详细阐述。

5.1　数据流挖掘

5.1.1　问题描述

一个数据流通常可表示为 $\mathrm{DS}=\{D_t\}_{t=1}^{T}$，其中，在监督情况下定义时刻 t 采集到的数据集为 $D_t=\{(x_i^t,y_i^t)\}_{i=1}^{n}$，$x_i^t$ 是来自特征空间 $\mathcal{X}$ 的一个 d 维向量，记为 $x_i^t\in\mathcal{X}$，y_i^t 为其对应的类标，记为 $y_i^t\in\mathcal{Y}=\{1,2,\cdots,C\}$，在非监督情况下的定义为 $D_t=\{x_i^t\}_{i=1}^{n}$。数据流挖掘主要针对分类或回归等监督任务进行模型设计，即基于获取到的数据流实时训练一个模型，使其能对给定的测试数据 x_i^t 准确预测其对应的标签 y_i^t；而对于聚类等非监督任务，则需要对数据流给出具体的簇类划分，这同传统数据挖掘中的概念一致。然而，不同的地方在于，数据流挖掘时通常要考虑以下五个要素：

(1) 每次只处理和使用当前时刻的数据集来训练学习器，该数据集可以是一个样本或一个小样本数据集合，且这些数据最多使用一次；

(2) 在有限的时间内使用样本；

(3) 使用有限的存储空间；

(4) 学习器随时能够作出预测；

(5) 学习器能够应对数据变化的发生，克服失效问题。

数据流挖掘的基本框架如图 5.1 所示。学习开始前，首先初始化一个学习器用于实时的训练和预测。输入样本以无限流的形式按时间被采集。在每一个时间点 t，都至少含有一个数据样本的数据集 D_t 到达。该数据集可用来测试和训练当前的学习器。如此循环往复，学习器随时间被越来越多的数据训练，其性能逐渐稳定和收敛。

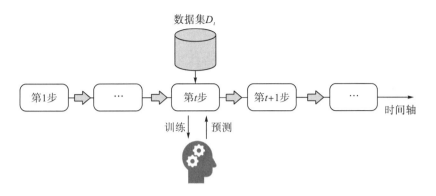

图 5.1　数据流挖掘的基本框架

以网上购物商店为例,假设不断有客户进入线上商店浏览和网购,商家想要知道这些客户是否会购买某种商品。因此,这些登录的客户信息及其浏览信息就构成了源源不断的数据流。通过将这些数据输入到一个学习器中,学习器可以输出某用户是否对这个商品感兴趣的标签。等用户结束登录,这个标签的真实值便会自动获得。假设学习器已经被初始化并可以开始训练,上述问题在数据流学习中的每个时间点 t 下的处理步骤如下:

(1)获得含有客户浏览信息的一组数据 $\{x_i^t\}_{i=1}^n$,其中 $n \geqslant 1$;

(2)用当前学习器 h_t 对 $\{x_i^t\}_{i=1}^n$ 进行预测,得到对应的输出 $\{\hat{y}_i^t\}_{i=1}^n$;

(3)获得 $\{x_i^t\}_{i=1}^n$ 的真实标签集 $\{y_i^t\}_{i=1}^n$,即用户是否真的购买了某种商品;

(4)使用 $\{(x_i^t, y_i^t)\}_{i=1}^n$ 更新学习器 h_t 的参数;

(5)等待接收下一个时间点的数据。

在上述的例子中,学习器需要根据用户的当前浏览记录快速做出预测,并精准推送用户感兴趣的商品。并且,由于线上购物网站的访问量逐渐增多,用户的数据通常情况下无法长时间保存,需要在充分考虑用户兴趣“可能改变”的前提下,根据当前获得的数据及时对模型参数进行更新。此外,在实际应用中处理监督式数据流挖掘的分类和回归问题时,很多情况下无法及时获得真实标签用于模型训练。因此,数据流挖掘的研究为机器学习在实际应用中的落地进一步拓宽了道路,成为当下学术界的热门研究话题(Gomes et al.,2017;Krawczyk et al.,2017;Zhu et al.,2019)。

5.1.2　算法种类

数据流学习的算法按处理数据的方式可分为两大类:增量学习(incremental learning)算法和在线学习(online learning)算法。也有文献称前者为批量增量学习(batch-incremental learning),称后者为单样本增量学习(instance-incremental learning),二者的主要区别在于处理数据流的速度和方式不同。本书中采用增量学习和在线学习的名称进行定义。增量学习会等待收集一定数量的数据集(batch)后一起输入模型进行训练,如图 5.1 所示,在第 t 步收集到一个输入集合 $D_t = \{(x_i^t, y_i^t)\}_{i=1}^n$,其中,$n>1$,典型的增量学习算法包括增量支持向量机、增量随机森林、基于神经网络的 Learn++ 集成系列算法等。增量学习的好处是大多数传统的非处理数据流的分类算法只需稍加调整便可用于对数据流进行数据挖掘,但数据集大小的设置是一个关键因素,且会影响检测数据动态变化和模型预测的实时性。而在线学习能够基于到来的每一个数据样本进行实时训练和预测,如图 5.1 所示,在第 t 步只收集到一个输入样本 $D_t = \{(x_i^t, y_i^t)\}_{i=1}^n$,其中,$n=1$。此类算法包括霍夫丁树(Hoeffding tree),其具体实现的一个版本称为 VFDT、在线装袋(online bagging)法、在线提升(online boosting)法等。这些算法在训练模型、预测样本和处理数据动态变化的实时性上有明显优势,所以在近几年比增量学习有更多的研究成果,特别是在处理高速数据流的应用上,如物联网、智慧城市、视频监控、自动驾驶汽车等。但在训练初期由于训练数据数量有限,在线模型的预测性能会相对较差。此外,在线学习算法更容易有灾难性遗忘(catastrophic forgetting)的问题,即随着新数据的到来,模型会遗忘过去学过的有用知识,预测性能急剧下降,这需要算法能够更好地平衡稳定性与自适应性(plasticity, adaptivity)。这个问题在基于神经网络的算法中尤其明显。上面提到的典型算法将在后面作详细介绍。

数据流挖掘中的动态性主要体现在数据的分布变化会导致通过历史数据训练得到的学习器随时间的推移逐渐失效,难以对新数据作出准确的预测。因此,正如第 3 章提到的,数据流挖掘领域里除了对模型算法性能的改进,另一大需要攻克的难点是如何准确、及时、有效地检测或克服数据流中的动态变化所带来的负面影响。因此,数据流学习算法也可按照是否包含动态数据处理机制分类为主动学习算法和被动学习(passive learning)算法。主动学习算法有专门的数据变化检测机制,告知学习器当前是否有分布上的变化。当变化被检测到后,学习器会调整训练模式,使模型更加关注变化后的新数据,并使用它们进行训练,以维持其在新数据上的性能。大部分实际问题中无法知道数据何时会发生变化,所以数据流学习领域中一个重点研究方向就是如何及时、准确地检测到数据中发生的变化。而被动学习算法则没有此类检测机制,即不管数据是否发生变化,算法只是在采集到新数据后,使用新数据不断训练,提高对当前数据的预测性能,逐渐会"忘记"以前学习到的旧的数据分布。

5.1.3 性能评估

对算法的性能评估是任何一个智能系统都需要考虑的关键问题。一个学习系统是对所观察到的内容产生的紧凑表示,所以在评估时要同时考虑学习系统内部产生的假设,以及在给定问题中的可用性。以下四个方面是性能评估时通常需要考虑的问题:

(1)学习任务的目标是什么?

(2)使用哪些评估指标?

(3)如何设计实验来计算评估指标?

(4)如何设计实验来比较不同的方法?

传统的机器学习使用离线模式,即在静态数据集上进行训练和测试。常用的评估方法包括样本随机划分、交叉验证等。这些方法假设数据分布静态不变,以及数据集的大小是有限的,这对数据流挖掘任务并不适用。首先,数据可能是无限生成的;其次,生成样本的分布可能会随时间发生改变,导致决策模型性能的改变。除此之外,在设计实验进行评估时，还要考虑设备的计算资源。

1. 评估方法

假设一组序列样本 $D = \{(x_i, y_i)\}_{i=1}^n$ 以数据流的形式出现。对于每一个输入 x_i，决策模型 $h(\cdot)$ 的实际输出为 $h(x_i) = \hat{y}_i$，其预测结果可能正确，即 $\hat{y}_i = y_i$；可能错误，即 $\hat{y}_i \neq y_i$。对于序列中在时间点 t 的一个样本，令错误率（即预测错误的概率）为 P_t，那么对于一组例子，其误差 e_t 是服从伯努利试验的随机变量。二项分布能够给出该变量概率的一般形式，代表一组样本中的错误数量：$e_t \sim \text{Bernoulli}(P_t) \Leftrightarrow \text{Prob}(e_t = \text{False}) = P_t$。

定义 5.1　在 PAC 学习模型中（Kearns et al.，1989），假设有静态分布能够生成足够多相互独立的样本数据，如果基于此数据的学习器的误差能够以至少 $1 - \delta$ 的概率任意接近贝叶斯误差（$B + \epsilon$），则称该学习器模型是一致的：

$$\text{Prob}(P_t - B < \epsilon) \geqslant 1 - \delta \tag{5.1}$$

事实上，如果样本的分布是平稳不变的，且样本是独立的，那么具有一致性的学习算法的错误率 P_t 会随着训练样本数 t 的增加而降低。此时，若训练样本是无限多的，那么 P_t 会以大于或等于 $1 - \delta$ 的概率趋向于贝叶斯误差（B）。这意味着对于任意实数 $\epsilon > 0$，存在一个自然数 N_1，使得对于每个 $t > N_1$，都能够以大于或等于 $1 - \delta$ 的概率获得 $|P_t - B| < \epsilon$：

$$\forall \epsilon > 0, \quad \exists N_1 \in \mathbb{N} : \forall t > N_1, \quad |P_t - B| < \epsilon \tag{5.2}$$

例如，Duda 和 Hart 于 1973 年证明了当数据接近无穷大时，k 近邻算法能够保证产生的错误率不低于贝叶斯错误率（Duda et al.，1973）。前馈神经网络和决策树也有类似的证明（Bishop，1995；Mitchell，1997）。

为了在数据流环境下评估学习模型的错误率，目前主要有两种可行的评估方案：留出（holdout test）法和顺序预测（predictive sequential 或 prequential）法。在留出法评估中，以固定的时间间隔内的样本（或固定一组样本大小）作为测试集，用于评估当前决策模型的性能。若测试集足够大，留出法的损失估计是无偏的。顺序预测法的误差则是基于样本序列顺序计算，而不是测试集合。对于数据流中的每个最近采集的样本，通过当前模型对其特征向量给出预测结果之后再与其真实值进行误差估计。

2. 基于遗忘机制的误差估计

顺序预测法和留出法都可以为数据流模型提供一条性能曲线，用于观察学习器随时间变化的性能，且二者都会受到样本出现顺序的影响。此外，顺序预测的估计更加悲观，即在相同实验设置下，它会给出更高的误差值。特别是在训练初期样本数量不多的情况下，顺序预测的估计会非常不稳定，容易受前期误差序列的影响。换句话说，用于对第 1 个样本进行预测的学习器与用于对第 100 个样本进行预测的模型肯定是不同的。这意味着需要一种遗忘机制来计算顺序预测误差，例如，采用时间窗口每次只使用最近的样本进行评估或采用衰减因子来实现。

定义 5.2　使用大小为 w 的滑动窗口（$\{e_j | j \in [t-w, t]\}$），在时间点 t 上的顺序预测误差可通过式（5.3）计算：

$$P_w(t) = \frac{1}{w}\sum_{k=t-w+1}^{t} L(y_k, \hat{y}_k) = \frac{1}{w}\sum_{k=t-w+1}^{t} e_k \tag{5.3}$$

定理 5.1 （基于滑动窗口的顺序预测误差的极限）对于一致的学习算法，在充分大尺寸 w 的滑动窗口上所计算的顺序预测误差的极限是贝叶斯误差：

$$\lim_{t\to\infty} P_w(t) = B$$

引理 5.1 不采用遗忘机制的顺序预测误差估计 $P_e(t)$ 大于或等于通过滑动窗口计算的顺序预测误差 $P_w(t)$，即对于一个足够大的滑动窗口 $w \ll t: P_e(t) \geqslant P_w(t)$。

使用滑动窗口需要提前指定窗口大小，然后对窗口内出现的数据以相同权重进行性能评估。另一种常用的遗忘机制是采用衰减因子。与滑动窗口方法相比，其一大优势是不需要额外空间存储数据。假设 α 为 $[0, 1]$ 之间的一个实数值，作为衰减因子，数据流 x 在时间点 t 上的用于性能评估的衰减后的样本和 (fading sum) $S_\alpha(t)$ 为

$$S_\alpha(t) = x_i + \alpha S_\alpha(t-1) \tag{5.4}$$

其中，$S_\alpha(1) = x_1$。α 通常设置为一个接近 1 的值，如 0.999。如此一来，当前的衰减后平均 (fading average) 为

$$M_\alpha(t) = \frac{S_\alpha(t)}{N_\alpha(t)} \tag{5.5}$$

其中，$N_\alpha(t) = 1 + \alpha N_\alpha(t-1)$ 为衰减增量，且 $N_\alpha(1) = 1$。衰减增量的一个重要特征是

$$\lim_{t\to\infty} N_\alpha(t) = \frac{1}{1-\alpha} \tag{5.6}$$

定义 5.3 使用衰减因子 α，在时间点 t 的顺序预测误差可由式 (5.7) 计算：

$$P_\alpha(t) = \frac{\displaystyle\sum_{k=1}^{t} \alpha^{t-k} L(y_k, \hat{y}_k)}{\displaystyle\sum_{k=1}^{t} \alpha^{t-k}} = \frac{\displaystyle\sum_{k=1}^{t} \alpha^{t-k} e_k}{\displaystyle\sum_{k=1}^{t} \alpha^{t-k}} (0 \ll \alpha \leqslant 1) \tag{5.7}$$

定理 5.2 （使用衰减因子计算的顺序预测误差的极限）对于一致性学习算法，用衰减因子计算的顺序预测误差的极限近似为贝叶斯误差：

$$\lim_{t\to\infty} P_\alpha(t) \approx B$$

使用衰减因子计算的顺序预测估计 $P_\alpha(t)$ 将低于整体顺序预测误差估计 $P_e(t)$。以上定理的证明都是基于数据分布不变和样本间独立的假设。若数据分布随时间发生动态变化，使用遗忘机制的顺序预测评估法的优势会更加明显。使用遗忘机制的顺序预测误差估计总是能比不使用遗忘机制的顺序预测误差估计更加快速地收敛到留出法估计值。下面，将给出三种计算顺序预测误差的具体描述。

3. 顺序预测估计法描述

表 5.1～表 5.3 分别给出了使用当前所有样本、滑动窗口和衰减因子这三种情况下计算顺序预测误差估计的具体描述。假设每个时间点只获得一个样本，算法中给出了预测每个样本后的更新。

表 5.1　无遗忘机制的顺序预测误差估计

输入：e_t 为对样本 t 的损失。

步骤：

1.初始化误差估计 $P_e(0) = 0$

2.更新误差估计 $P_e(t) = \dfrac{e_t + (t-1)P_e(t-1)}{t}$

输出：误差估计 $P_e(t)$。

表 5.2　使用滑动窗口的顺序预测误差估计

输入：滑动窗口大小 w；样本 t 的损失 e_t。

步骤：

1.初始化：$S = 0$；长度为 w 的循环向量 $E[1:w] = 0$

2.更新误差估计：

3.　　　　　　$p = [(t-1) \bmod w] + 1$

4.　　　　　　$S = S - E[p] + e_t$

5.　　　　　　$E[p] = e_t$

6.　　　　　　$P_w(t) = \dfrac{S}{\min(w,t)}$

输出：窗口误差估计 $P_w(t)(t > w)$。

表 5.3　使用衰减因子的顺序预测误差估计

输入：衰减因子 $\alpha(0 \leqslant \alpha \leqslant 1)$；样本 t 的损失 e_t。

步骤：

1.初始化：$S_\alpha(0) = 0$；$N_\alpha(0) = 0$

2.更新误差估计：

3.　　　　$S_\alpha(i) = e_t + \alpha S_\alpha(t-1)$

4.　　　　$N_\alpha(t) = 1 + \alpha N_\alpha(t-1)$

5.　　　　$P_\alpha(t) = \dfrac{S_\alpha(t)}{N_\alpha(t)}$

输出：衰减误差估计 $P_\alpha(t)$。

　　在实验中使用遗忘机制来评估学习器性能时的一个关键问题是如何设置遗忘强度。若使用移动窗口方法，小的窗口设置能够让模型更快地适应数据的变化，而大的窗口设置能够减小评估值的方差，使其趋于稳定。衰减因子方法对过去的样本呈指数级遗忘。因子值越小，则遗忘程度越大。

5.2　数据流集成学习算法

　　由于数据流具有的实时性、海量性、标签稀缺性、动态变化性等，传统数据挖掘方式对于该类型的动态数据挖掘存在局限。数据流挖掘不仅对模型的处理速度、计算资源消耗等方面提出了更高的要求，还需要模型具备对数据流中的动态性自适应的能力，即概念漂移发生时，需要模型根据历史数据中得到的知识，在新数据到来后进行自适应的模型调整。而集成学习作为数据流挖掘领域最常用的技术之一，具有很好地适应数据流动性的能力。通过将多个学习器融合在一起进行预测，不论是增量学习还是在线学习场景，集成学习都比单一学习器在数据流数据挖掘领域表现出更好的准确率。虽然使用了更多的计算资源，集成算法在处理大型数据流时具有更容易并行化和可扩展化的优势。当数据流出现变化时，集成模型能够更灵活地将"过期"的基学习器移除，并根据新数据训练和添加新的学习器。根据所处理的问题和数据流特点，将当前数据流挖掘算法分为以下几类，如图 5.2 所示。在监督式分类算法中，根据数据流的两种基本模型，将其从静态（stationary）数据流（即样本均来自一个固定未知的概率分布）与动态（non-stationary）数据流（即数据分布会随着时间的推移而演变）的增量集成学习与在线集成学习进行介绍，最后将总结现有可以解决回归问题的一系列算法。

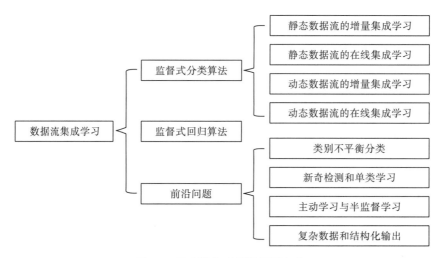

图 5.2   数据流集成算法问题归类

5.2.1   静态数据流的增量集成学习算法

面向静态数据流的方法中不包含任何在概念漂移发生时快速适应其数据分布改变的机制。静态数据流增量集成学习和大数据集的批量处理（batch processing）联系紧密，所以有时不将其明确归类于数据流挖掘领域。表 5.4 中给出了四组经典的静态数据流增量集成学习算法。

表 5.4   静态数据流增量集成学习算法

集成方式	算法	简要描述
提升法	Learn++（Polikar et al.，2001）	增量学习神经网络集成算法
	AdaBoost RAN-LTM（Kidera et al.，2006）	结合 AdaBoost.M1 和 RAN-LTM 的分类器
装袋法	Growing NCL（Minku et al.，2009）	增量式负相关学习算法
	Bagging++（Zhao et al.，2010）	对传入的数据块使用装袋法训练分类器

Learn++是最常用的静态数据流学习算法之一。该集成算法在每个输入的数据块 D 上训练 T 个新的神经网络模型，然后使用多数投票法将它们的输出进行融合，这样就可以将新传入的样本纳入集成模型。同时，它还继承了 AdaBoost 算法的模型性能提升的属性。Learn++将添加到集成模型的每个新分类器都使用给定的样本分布采样得到的一组数据进行训练，这种采样使当前集成模型错误分类的数据被选中的概率更高而用于训练下一个分类器。在增量集成学习情景中，那些未知的或尚未用于训练分类器的新数据的错误率通常是最高的，所以它们更容易被选中用于训练新模型。Learn++的优势在于，它只要求训练弱学习器，获得实际决策面的粗略估计值，有效地避免了训练强学习器时昂贵的微调步骤，从而加快了训练并降低了过度拟合。但这种方法随着集成模型规模的不断增长，在处理大规模数据集时效率会变得低下。Learn++的具体算法步骤如表 5.5 所示。

表 5.5　Learn++算法的主要步骤

输入：获得当前数据块 D ；
　　　将其分成 K 个子集 $\{D_k\}_{k=1}^K , D_k = [(x_1^k, y_1^k),(x_2^k, y_2^k),\cdots,(x_m^k, y_m^k)]$ ；
　　　对于每个子数据集的基学习器个数 T ；
　　　基学习器的训练算法 L 。
步骤：
1. 循环 $k = 1, 2, \cdots, K$:
2. 　初始化样本权重 $w_1^k(i) = \mathcal{D}_1^k(i) = 1 / m(k)$ ，其中，$w_1^k(i)$ 表示第 k 个数据子集中的第 i 个样本的权重，$m(k)$ 代表第 k 个数据集的数量。
3. 　　循环 $t = 1, 2, \cdots, T$:
4. 　　　将每个样本的概率归一化，建立分布 $\mathcal{D}_t^k$ 为

$$\mathcal{D}_t^k = \frac{w_t^k}{\sum_{i=1}^{m(k)} w_t^k(i)}$$

5. 　　　根据 $\mathcal{D}_t^k$ 对数据集 D_k 进行采样，得到 $m(k)$ 个样本作为训练集 TR_t ，其他未被采样的样本作为验证集 VA_t 。
6. 　　　用 TR_t 训练基学习器 $h_t = L(\mathrm{TR}_t)$ 。
7. 　　　计算 h_t 在训练子集和验证子集上的错误率 $\epsilon_t = \mathrm{error}_{x \in D_k}[h_t(x) \neq f(x)]$
8. 　　　如果 $\epsilon_t > 1/2$ ，删除此弱学习器，回到步骤 5。
9. 　　　计算当前基学习器的权重 $\alpha_t = \ln\left(\dfrac{1 - \epsilon_t}{\epsilon_t}\right)$ 。
10. 　　　将前 t 个基学习器使用加权投票法进行集成，得到当前的集成模型：

$$H_t(x) = \mathrm{sign}\left[\sum_{t=1}^T \alpha_t h_t(x)\right]$$

11. 　　　计算 H_t 在训练子集 TR_t 和验证子集 VA_t 的错误率：

$$E_t = \mathrm{error}_{x \in D_k}[H_t(x) \neq f(x)]$$

12. 　　　如果 $E_t > 1/2$ ，删除该集成模型 H_t ，$t = t - 1$ 。回到步骤 5。
13. 　　　设 $B_t = E_t / (1 - E_t)$ 。修改数据集中的每个样本的权重分布：

$$w_{t+1}(i) = w_t(i) \times \begin{cases} B_t, & H_t(x_i) = f(x_i) \\ 1, & \text{其他} \end{cases}$$

14. 　　　如果 $t = T$ ，输出当前数据子集得到的最终模型权重 $\theta_k = \ln\left(\dfrac{1 - E_t}{E_t}\right)$

15.结束

输出： $H_{\text{final}} = \underset{y \in \mathcal{Y}}{\arg\max} \sum_{k=1}^{K} \sum_{t:H_t(x)=y} \ln(1/B_t)$ 。

AdaBoost RAN-LTM 算法是自适应提升法（AdaBoost.M1）与具有长期记忆的资源分配网络（resource allocating network with long-term memory，RAN-LTM）的组合算法（Kidera et al.，2006）。其中，RAN-LTM 是一种径向基函数（radial basis function，RBF）神经网络，它能够帮助存储过去学到的有用知识，从而帮助提升法模型在增量集成学习环境下更准确地估计每个基学习器的权重。

Growing NCL 是增量式的负相关学习算法（Minku et al.，2009）。该方法在训练多个基学习器的时候会同时考虑学习器间的多样性，主动令各自的决策尽可能不同。同时，提出的学习方案允许在遗忘率和适应新的输入数据之间保持权衡。讨论了两种模式：固定大小和增长大小。实验结果表明，固定大小的方法具有较好的泛化能力，而增长大小可以很容易地克服遗忘过强的影响。

Bagging++是通过利用 Bagging 的思想从数据块中构建不同的学习器来实现集成（Zhao et al.，2010）。它利用装袋法来训练新数据块上的模型。选择四种完全不同的分类算法，即单层神经网络、C4.5、支持向量机和朴素贝叶斯算法进行训练来实现异质分类器集成，其多个异质学习器的融合方法采用最常用的聚合方式来融合最终学习结果，对于分类问题通常采用投票方式输出得票最多的类别标签，而对于回归问题则使用简单的取平均值法作为最终输出。在 Zhao 等（2010）的研究中显示 Bagging++和 Learn++、负相关学习的效果相当，同时速度更快。其算法描述可参见表 5.6。

表 5.6　Bagging++算法的主要步骤

输入：获得当前数据块 D ；
　　　将其分成 K 个子集 $\{D_k\}_{k=1}^K$ ， $D_k = [(x_1^k, y_1^k), (x_2^k, y_2^k), \cdots, (x_m^k, y_m^k)]$ ；
　　　基学习器的训练算法 L ；
　　　基学习器的个数 T 。
步骤：
1.初始化集成模型 $H_0 = \text{NULL}$
2.循环 $k = 1, 2, \cdots, K$ ：
3.　　循环 $t = 1, \cdots, T$ ：
4.　　　　对 D_k 进行有放回随机抽样，生成当前训练集 D_k^t 。
5.　　　　训练基学习器 $h_t = L_t(D_k^t)$ 。
6.　　　　得到当前集成模型 $H = H \bigcup h_t$ 。
7.　　　　如果 $t = T$ ，输出当前数据子集 D_k 的集成模型 H_k 。
8.　　$H_k = H_{k-1} \bigcup H_k$ 。
9.结束
输出：最终集成模型 $H_{\text{final}} = H_K$ 。

5.2.2 静态数据流的在线集成学习算法

在线集成学习算法在数据流学习领域中比增量集成学习受到更多的关注,在各种现实生活场景中的应用也更加广泛。该领域用于处理静态数据流的代表性算法如表 5.7 所示。大多算法还是基于集成中的装袋法和提升法,所以表中的算法也归类于三种,即装袋法、提升法和其他。

表 5.7 静态数据流在线集成学习算法

分类	算法	简要描述
装袋法	Online Bagging (Oza et al., 2001)	在线装袋
	Adaptive-Size Hoeffding Trees (ASHT) (Bifet et al., 2010)	自适应大小的霍夫丁树集成算法
	Leveraging Bagging (LevBag) (Bifet et al., 2010)	杠杆装袋法,利用多重采样和输出检测代码的装袋法
	Online Random Forest (ORF) (Saffari et al., 2009; Denil et al., 2013)	在线随机森林
	Mondrian Forest (MF) (Lakshminarayanan et al., 2015)	在线蒙德里安森林
提升法	Online Boosting (Oza et al., 2001)	在线提升法
其他	Ultra Fast Forest of Binary Trees (UFFBT) (Gama et al., 2005)	超快二叉树森林
	Hoeffding Option Trees (HOT) (Gama et al., 2005)	霍夫丁期权树
	Ensemble of Online Sequential Extreme Learning Machines (EOS-ELM) (Lan et al., 2009)	在线极限学习机集成

在线装袋法 (Oza et al., 2001) 消除了标准装袋算法需要事先提供整个训练数据集进行学习的局限性。该算法认为在线集成学习过程中,每个新传入的样本在各个基分类器上训练的次数可以是零次、一次或多次。因此,算法通过使用泊松分布在训练每个基学习器时都生成一个 k 值,即 $k \sim \text{Poisson}(1)$,并用此 k 值得到使用当前新样本训练当前模型的次数。这是因为数据流中样本数量趋于无限时,标准装袋算法中每个样本被使用训练的次数 k 所服从的二项分布趋近于泊松分布。之后有文献对在线装袋法的理论依据作了进一步的研究,并提出了贝叶斯在线装袋 (Bayesian online bagging) 法 (Lee et al., 2004)。通过将其与无损学习 (lossless learning) 算法相结合,实现了无损的在线装袋训练。其主要步骤如表 5.8 所示。

表 5.8 在线装袋法的主要步骤

输入:含有 T 个基学习器的集成模型 h,最新单个训练样本 (x_i, y_i)。
步骤:
1.循环 $t = 1, \cdots, T$:
2.   根据泊松分布设置 $k \sim \text{Poisson}(1)$。
3.   使用 (x_i, y_i) 训练 k 次 h_t。
4.结束
输出:通过多数投票或取平均集成模型 $H_{\text{final}}(x)$。

Bifet 等(2010)对在线装袋法做了两处改进，分别是自适应大小霍夫丁树(ASHT)和杠杆装袋法(LevBag)，其目的是为基分类器的输入和输出引入更多的随机性。ASHT 同步生成不同大小的树。LevBag 将 Poisson(1) 分布改为由用户自定义 λ 的 Poisson(λ) 分布并进行采样训练，使用输出检测程序。

在线装袋法的作者提出的另一种在线集成算法是在线提升法(Oza et al.，2001)。该算法维持一个固定大小的基分类器集合，并将每个到达的新样本都依次进行训练，更新每个分类器。在训练过程中被前一个分类器错误分类的样本会被赋予更高的权重，从而使后面的分类器更加重视该样本。具体过程如下：①对于每个新来的样本，最初都给它分配一个最高的权重值 $\lambda_i = 1$；②集成模型中的第一个分类器用这个样本训练模型 $k \sim$ Poisson(λ) 次；③如果这个样本被正确分类，则该样本的权重 λ 将减小；④如果该分类器对这个样本分类错误，则该样本的权重 λ 将增大；⑤使用更新后的 λ 重复以上过程，对集成模型中的下一个分类器进行训练。算法流程如表 5.9 所示。

表 5.9　在线提升法的主要步骤

输入：当前含有 T 个基学习器 h_i 的集成模型 H；

　　　已接收样本的总数 N；

　　　λ_t^c 为 N 个样本中被 h_t 分对的样本权重和，初始化为 0；

　　　λ_t^w 为 N 个样本中被 h_t 分错的样本权重和，初始化为 0；

　　　最新单个训练样本 (x_i, y_i)；

　　　基学习器算法 L；

　　　标签集合 C。

步骤：

1.设置当前样本 (x_i, y_i) 的初始权重 $\lambda_i = 1$；$N = N + 1$。

2.循环 $t = 1, \cdots, T$：

3.　　根据泊松分布 $k \sim$ Poisson(λ_i)。

4.　　执行 k 次：

5.　　　　　　$h_t = L(x_i)$。

5.如果 $h_t(x_i) = y_i$：

6.　　　$\lambda_t^c = \lambda_t^c + \lambda_i$。

7.　　　$\epsilon_t = \dfrac{\lambda_t^w}{\lambda_t^c + \lambda_t^w}$。

8.　　　$\lambda_i = \dfrac{\lambda_i}{2(1 - \epsilon_t)}$。

9.否则：

10.　　　$\lambda_t^w = \lambda_t^w + \lambda_i$。

11.　　　$\epsilon_t = \dfrac{\lambda_t^w}{\lambda_t^c + \lambda_t^w}$。

12.　　　$\lambda_i = \dfrac{\lambda_i}{2\epsilon_t}$。

13.结束

输出：$H_{\text{final}}(x) = \underset{y \in \mathcal{Y}}{\arg\max} \sum_{t=1}^{T} \ln\left(\dfrac{1 - \epsilon_t}{\epsilon_t}\right) \mathbb{I}[h_m(x) = y]$。

HOT 是专门基于决策树组合的集成算法,可以看作 Kirkby 期权树的扩展(Pfahringer et al.,2007),它允许每个训练样本更新一组可选节点,而不仅仅是一个叶节点。该算法结构紧凑,运行效果就像一组加权分类器一样(如普通的霍夫丁树),但是它是以增量的方式建立起来的。

UFFBT 也是通过对霍夫丁树的集成实现在线学习的。不同的是,树节点的分裂标准是专门针对二分类任务的。若要处理多类问题,需要采用类标签分解方法转化为二分类问题才可应用此算法。例如,对于每一对类别标签构建一个二叉树。每当有新样本到来时,只有涉及这个样本真实标签的树分类器才被更新。

EOS-ELM 是一组在线随机化神经网络的简单组合,通过随机化训练程序实现分类器池的初始多样性,然后用当前样本对每个神经网络进行训练。最终的集成输出是将所有基学习器的输出取均值。

还有一些研究将随机森林集成算法改为在线版本。该算法引入了在线随机树,用于随机生成测试函数和阈值,并根据某种评估标准选择最佳函数。在线随机森林在训练时首先生成一组独立的只含有一个根节点的树和一组随机选择测试。算法中有两个统计数据是在线实时计算的:分叉前的最小样本数和要实现的最小收益。当发生分叉时,将落入左、右节点分叉实例的统计数字传播到子节点,因此子节点开始时已经有了父节点的知识。此外,算法还使用时序知识加权的遗忘机制来降低旧样本的影响。这种机制通过使用修剪随机树的方式,根据分类器的袋外误差和其在集成中存在的时间,选择是否将其从集成模型中移除。

在线随机森林后来被进一步发展为在线蒙德里安森林(MF)算法(Lakshminarayanan et al.,2015)。MF 算法将蒙德里安进程作为树归纳方案,形成一族随机二进制分区。因为它们最初是作为无限结构被引入的,作者将其修改为有限蒙德里安树。MF 算法与标准决策树的主要区别在于以下几点:树分叉过程独立于类别标签;在每个节点使用分割时间;引入动态控制节点数量的参数;以及树分叉受训练数据的约束而不是在整个特征空间上的泛化。在在线更新过程中,MF 算法通过创建一个新的分叉来适应新的样本,这个分叉将比现有的分叉在树的层次结构上更高,或扩展现有的分叉,或者将现有的叶子分成子节点。这是传统的在线随机森林做不到的。这使得 MF 算法对数据流的适应性更强,能够对集成模型结构进行更深层的修改。

5.2.3　动态数据流的增量集成学习算法

在动态环境下的增量集成学习算法通常会基于新到的数据集创建新的基学习器来加入当前的集成模型中,以适应概念迁移。一般来说,数据流学习中的集成模型的各个基学习器是由数据流中不同时期采集到的数据块构建的。这就有可能导致同一个集成模型中的不同基学习器所学习到的数据分布(概念)是不同的。因此,从最新的数据块中创建和训练一个新的基学习器并加入集成模型中也是最直观上的想法。此类型的算法有很多,它们针对不同的数据变化提出了专门应对的机制。例如,有的集成算法会维护一个额外的缓冲区,用于存储旧的被淘汰的分类器,这样可以帮助快速发现和处理重复性概念迁移。但随着时间的推移,越来越多的学习器被加入集成模型后会给存储空间带来压力。因此,一些比较"旧"

的、在当前数据上表现不好的基学习器会被淘汰，从而节省空间占用。这个过程就需要集成算法定期用最新的数据块来评估其基学习器的当前性能，并依据评估的结果来更新和每个基学习器关联的某种权重。这些权重用来反映哪些基学习器最有效地学习到了最新的数据分布，并用其决定哪些基学习器可以被舍弃。除了性能因素，基学习器的更新策略也要考虑数据块的样本大小。一方面，过大的数据块会导致对概念迁移适应缓慢；另一方面，太小的数据块不足以充分地学到稳定的概念，因而会增加计算成本，并可能导致分类性能不佳。

大部分现有算法的一个主要模块就是判断当前是否需要为新数据块创建新学习器来处理概念迁移，包含以下三个步骤：

(1) 对于每个当前数据块 $D_i \in D$，根据给定的度量标准计算集成模型中的基学习器 L_t 的表现 $Q(L_t)$；

(2) 使用数据块 D_i 训练一个新的候选学习器 L_c；

(3) 如果未超过集成模型的数量限制，添加 L_c 到集成模型中，否则替换掉集成模型中的现有基学习器之一。

不同的算法在限制集成模型大小的策略上，以及在如何维护和更新基学习器的权重上会有所区别。一些常见的具体算法在表 5.10 中给出。

表 5.10　动态数据流增量集成学习算法

类别	算法	简要描述
经典算法	SEA(Street et al.，2001)	数据流集成算法
	AWE(Wang et al.，2003)	精度加权集成
	Aboost(Chu et al.，2004)	自适应的、快速轻量化的装袋集成
	Learn++.NSE(Aha et al.，1991)	针对动态环境的 Learn++算法改进
其他算法	KBS(Scholz et al.，2005)	基于知识采样的类提升算法
	AUE(Brzezinski et al.，2014b)	精度更新集成
	WAE(Woźniak，2013)	加权老化集成
	ET(Ramamurthy et al.，2007)	追踪重复性概念的集成算法

数据流集成算法(streaming ensemble algorithm，SEA)是最早被提出的动态数据流增量集成学习算法之一。这种算法会创建新的分类器来学习每一个训练数据集。如果还没有达到最大集成规模，就简单地把这个新的分类器加入集成模型中；否则先根据下一个传入的训练数据评估这个新分类器的性能，然后用新分类器取代现有的分类器中性能最差的旧分类器。该算法成功的关键特征之一是它的性能评估步骤，它倾向于选择那些能将被集成模型分错的样本正确分类的分类器，从而降低了过度拟合的风险并保持基分类器间的多样性。集成模型给出的最终预测是基于多数投票法，这种方法比单一分类器更能适应概念漂移带来的影响。然而，SEA 存在的一个潜在问题是，旧的分类器可能会比新的分类器权重更大，从而减慢集成模型对新概念的适应。其具体步骤可参见表 5.11。

表 5.11　SEA 的主要步骤

输入：获得当前数据块 D_i；增量集成模型的基学习器数量最大值 T。
步骤：
1.初始化集成模型：$H = \text{NULL}$。
2.生成给定大小的集成学习模型：
3.　在数据集 D_i 上学习一个基分类器 h_t。
4.　$H = H \bigcup h_t$。
5.　如果 $|H| < T$：
6.　　回到步骤 3。
7.　否则：
8.　　如果 $\text{Performance}(h_t) > \text{Performance}(h_j)$，其中，$h_j \subset H$
9.　　　则用 h_t 替换 h_j。
10.结束
输出：最终集成模型 H。

　　精度加权集成(accuracy weighted ensemble，AWE)算法的训练方式与 SEA 类似。它的核心思想是根据最新训练数据块上的预测误差给集成模型的每个基分类器分配权重。为此，使用了均方误差的一个特殊变体(它允许处理基分类器的预测概率)。该算法的假设是最新的训练数据块能更好地代表当前的测试样本，因此表现差的基分类器会被舍弃，最终只保留具有最高权重的 K 个分类器。通过这种方式，可以删除会阻碍预测当前数据块的分类器，并包括可以学习新概念的新分类器。对于对成本敏感的应用，也可以使用基于实例的动态集成修剪方法(Fan et al.，2003)。当集合的大小变得足够大时，即在接收到足够多的数据块之后，这种方法被证明在算法的精度方面比单个分类器有更好的性能。然而，在某些突发漂移的情况下，AWE 算法的剪枝策略有时会删除太多的基分类器，从而使 AWE 算法的分类精度降低太多。另一个问题涉及新的候选分类器的评估——它需要在最新的块内进行 k 次交叉验证，这增加了计算时间。

　　Aboost 是一种基于提升法的训练算法。当接收到一个新数据块时，计算当前集成模型的误差，然后使用某种基于统计测试的方法来检测是否有概念迁移发生。如果检测到概念迁移，组成集成模型的所有基分类器都会被删除。此后，再创建一个新的分类器来学习数据块。该数据块所包含的训练样本通过维护一组样本权重来选择，类似自适应提升法中的样本权重，由集成模型的分类结果决定权重大小。如果集成模型在当前数据块的误差是 ϵ，并且样本 x_i 被错误分类，那么这个样本的权重被设置为 $w_i = (1-\epsilon)/\epsilon$。若该样本被正确分类，则 w_i 维持为 1。如果新的分类器的加入使集成模型超过了最大规模设置，那么最旧的基分类器将被淘汰。集成模型的最终预测结果是对基分类器预测的概率进行平均，并选择概率最高的类别作为输出标签。这个算法在处理存在概念迁移的数据流时会比前面两种方法的预测性能更好，因为它有主动的检测机制。但由于它在检测到迁移时对整个集成模型进行了重置，这种策略对假警报(假阳性的迁移检测结果)很敏感，而且无法处理重复出现的概念。

　　同样受提升框架的启发，Learn++算法的原作者对 Learn++进行了改进，并提出了用于动态环境的 Learn++.NSE 算法。具体步骤如表 5.12 所示。这种算法也是根据新数据块上的集成模型预测误差来设置训练样本的权重。如果一个样本 x_i 被错误分类，它的权重被设为 $w_i = 1/\epsilon$，否则它就被设置为 1。该算法与 Aboost 的主要区别在于它没有使用概念迁移检测机制。Learn++.NSE 应对迁移的措施是调整每个基分类器的权重。当某个基分类器能够对被集成模型错误分类的样本正确分类时，它的权重就会提高；若对被集成模型正确分类的样本进行了错误分类，那么权重就会降低。权重的更新设置同时也会考虑最近的数据块上被错误分类的样本，因为算法假设越新的样本越能代表当前的概念。集成模型给出的最终预测是加权多数投票的结果。Learn++.NSE 本身没有删除基分类器的机制，这有助于处理反复出现的概念迁移问题，但集成模型的规模会变得很大。

表 5.12   Learn++.NSE 算法的主要步骤

输入：当前时间 t 获得的数据块 $D_t = \{(x_i^t, y_i^t)\}_{i=1}^{n^t}$，$t = 1, 2, \cdots, T$；

      Sigmoid 参数 a（斜率）和 b（拐点）。

步骤：

1. 循环 $t = 1, 2, \cdots, T$：

2.   如果 $t = 1$，初始化 $\mathcal{D}^t(i) = w^t(i) = 1/n^t, \forall i$，转至步骤 5。

3.   计算当前集成模型在新数据上的误差率：

$$\epsilon_t = \sum_{i=1}^{n^t} 1/n^t \times \mathbb{I}\{H^{t-1}[x^t(i)] \neq y^t(i)\}$$

4.   更新和归一化实例权重：

$$w_i^t = \frac{1}{n^t} \times \begin{cases} \epsilon_t, & H^{t-1}[x^t(i)] = y^t(i) \\ 1, & \text{其他} \end{cases}$$

    设置分布 $\mathcal{D}^t$ 为 $\mathcal{D}^t = \dfrac{w^t}{\sum_{i=1}^{n^t} w^t(i)}$。

5.   用 D_t 训练基分类器，得到 $h^t : X \to Y$。

6.   在 D_t 上评估目前所有的基分类器：

$$\varepsilon_k^t = \sum_{i=1}^{n^t} \mathcal{D}^t(i)\mathbb{I}\{H^{t-1}[x^t(i)] \neq y^t(i)\}, \quad k = 1, \cdots, t。$$

    如果 $\varepsilon_{k=t}^t > 1/2$，产生新的 h_t。

    如果 $\varepsilon_{k<t}^t > 1/2$，设置 $\varepsilon_k^t = 1/2$。

    $\beta_k^t = \varepsilon_k^t/(1 - \varepsilon_k^t), \quad k = 1, \cdots, t \to 0 \leqslant \beta_k^t \leqslant 1$。

7.   对第 k 个分类器 h_k 计算所有归一化的加权平均值：

$$\omega_k^t = \frac{1}{1 + e^{-a(t-k-b)}}, \quad \omega_k^t = \frac{\omega_k^t}{\sum_{j=0}^{t-k} \omega_k^{t-j}}$$

$$\overline{\beta_k^t} = \sum_{j=0}^{t-k} \omega_k^{t-j} \beta_k^{t-j}, \quad k = 1, \cdots, t$$

8.   计算分类器投票权重：

$$W_k^t = \ln(1/\overline{\beta_k^t}), \quad k = 1, \cdots, t$$

9. 结束

输出最终假设：$H^t[x^t(i)] = \underset{c}{\arg\max} \sum_k W_k^t \mathbb{I}\{h_k[x^t(i)] = c\}$。

增量集成学习算法通常对数据块的大小相当敏感。过大的数据块可能会延迟算法对迁移的反应速度，而过小的数据块可能会导致基分类器性能降低。此外，学习每一个新的数据块可能会引入额外的学习开销，因为如果现有的分类器对当前概念的预测性能已经足够准确，学习同一个概念下每一个数据块的样本是不必要的。为解决这些问题，有以下几种代表性的算法被提出。

基于知识的抽样(knowledge-based sampling，KBS)算法基于提升法训练框架，引入了一种机制，它能够决定对每个新的数据块是选择训练一个新的分类器还是用它来更新现有的最新分类器。选择的依据是用新数据块训练现有最新的分类器所得到的准确率与在新数据块上训练新分类器所得到的准确率相比较，然后保留这两个分类器中最好的一个。这种策略可以减少由小数据块产生的不良基分类器的问题，因为实际上现有的分类器可以用超过一个数据块进行训练。类似提升法，KBS 给数据块中的样本分配权重，每个基分类器本身也有一个权重。基分类器的权重取决于它在新的训练数据块中的表现。这些权重不仅用于提高对概念迁移的敏感度，而且还可以帮助修剪多余的分类器。

另一种增量集成学习算法是精度更新集成(accuracy updated ensemble，AUE)。在该算法中，所有的分类器都会用新的数据块中的一部分样本进行训练。这有助于减少由小数据块产生的不良基分类器的相关问题。另一个创新点是用非线性误差函数对分类器进行加权，目的是促进产生更准确的基分类器。此外，最新的候选分类器总是被赋予最高的权重，因为它能更好地反映最新的数据分布。AUE 算法还应用了其他技术来修剪集成模型从而降低计算成本。一些实验表明，在有各种类型的概念迁移以及静态数据流的情况下，用霍夫丁树构建的 AUE 模型获得了比其他增量集成学习模型更高的分类精度。

加权老化集成(weighted aging ensemble，WAE)算法根据分类器的多样性来修改模型的集成阵容。集成模型的最终预测是加权多数投票的结果，其中，每个基分类器的权重取决于它的准确率和在集成模型中存在的时间。

以上这些算法是不能处理重复性概念迁移问题的。追踪重复性概念的集成算法(ensemble tracking approach，ET)通过维护一个代表不同概念的全局分类器集合来解决这个问题。此外为减小计算开销，每当有一个新训练数据块时，ET 计算每个分类器在块上的预测误差。MaxMSE 被定义为一个随机预测分类器的分类误差。如果至少有一个分类器的误差低于预先定义的数值 τ，或者使所有误差低于 AcceptanceFactor* MaxMSE 的分类器组成的加权集成后的模型误差低于 τ，算法就不创建新的分类器。这就减少了学习每个新数据块产生的开销。如果单个分类器和上述集成模型的误差都大于 τ，就会创建一个新的分类器，并用新的数据块进行训练。

5.2.4　动态数据流的在线集成学习算法

在线集成学习算法用每次采集的单个样本训练模型，然后将其丢弃不予保存，而不是等待接收整个数据块训练。这样会比增量学习更快、需要的内存更少，同时这种方法还避免了选择数据块大小的问题。当然，在线集成学习算法还是需要某些参数设置，使得其能对概念迁移作出及时反应(如滑动窗口大小或时间衰减系数等)。本节将介绍几种主流的可以应对动态数据流的在线集成学习算法。按照第 3 章中介绍的处理概念漂移的方式划分，它们分为被动或主动算法，如表 5.13 所示。

表 5.13　动态数据流在线集成学习算法

类别	算法	简要描述
被动算法	DWM（Kolter et al.，2007）	动态加权多数法
	AddExp（Kolter et al.，2005）	累积专家集成算法
	CDC（Stanley，2003）	概念迁移委员会
	OAUE（Brzezinski et al.，2014a）	在线精度更新集成算法
	WWH（Yoshida et al.，2011）	重叠窗口集成分类算法
主动算法	ACE（Nishida et al.，2007）	自适应分类器集成
	Todi（Nishida，2008）	用于学习和检测概念迁移的双在线分类器
	DDD（Minku et al.，2012b）	处理概念迁移的多样性集成算法
	ADWINBagging（Bifet et al.，2009）	使用 ADWIN 迁移检测器的在线装袋法

被动算法没有明确使用概念 DDM，而是被动地随时间调整训练以适应新概念。当前的在线集成算法主要通过给基分类器分配权重和决定何时增加或删除集成模型中的基分类器这两种策略来"适应"动态环境，并且需要连续不断地适应可能出现的变化。适应概念迁移的速度以及这种适应对噪声的敏感程度通常取决于额外的参数设置。

动态加权多数（dynamic weighted majority，DWM）法是被动算法中最经典的算法之一。DMW 法所训练的集成模型中，每个基分类器都会在接收到一个数据样本后进行模型更新，并且每个基分类器都分配有一个权重。当某个基分类器做出错误的决策时，它的权重会降低。因此集成模型通过权重能够识别当前哪些分类器更加准确，并更加看重准确分类器的输出。为了加快对概念漂移的反应速度，算法允许增加新的分类器或删除现有的分类器。当集成模型对一个给定的训练样本分类错误时，就会添加新的分类器，从零开始学习潜在的新概念。已在集成模型中存在一段时间且权重过低的分类器会被认为是对预测没有帮助的，它们则被定期删除以避免集成模型规模过大。基分类器的权重更新以及新旧分类器的添加和删除在每 p 个固定的时间点后进行一次，其中，p 是一个预先设定的值。较大的 p 值可能会对噪声有更强的鲁棒性，但是会导致对概念迁移的适应缓慢。所有集成模型成员的权重会被归一化，这样新加入的分类器就不会因为权重过大而主导了整个集成模型的决策。其具体算法如表 5.14 所示。

表 5.14　动态加权多数法的主要步骤

输入：数据流 $\{(x_i, y_i)\}_{i=1}^{n}$，$(y \in \mathcal{Y})$，标签总数 $C(C>2)$，其中，(x_i, y_i) 为第 i 时刻的样本；权重降低系数 $\beta \in [0,1]$；删除分类器阈值 θ；权重更新周期 p；集成模型 H 及单个基分类器 h_i 的权重 w_i；集成模型预测和单个模型的预测结果 $G, L \in \{1, 2, \cdots, C\}$，每个类预测结果的加权和 $W \in \mathbb{R}^c$；所有样本在单个模型上的预测矩阵 $P \in \{1, 2, \cdots, C\}$。

步骤：

1. 初始化 $t = 1$，创建新分类器 h_t，设置权重 $w_t = 1$。

2. 循环 $i = 1, \cdots, n$：

3. 　　初始化 $W = 0$；$P = 0$

4. 　　循环 $t = 1, 2, \cdots, T$：

5. 　　　　使用基分类器 h_t 对样本 x_i 进行分类，$L = h_t(x_i)$。

6. 　　　　$P_{i,t} = L$

7. 　　　　如果 $L \neq y_i$ 且 $i \bmod p = 0$：

8. 　　　　　　$w_t = \beta w_t$

9. 　　　　$W_L = W_L + w_t$

10. 　　$G = \mathrm{argmax}_t W_t$

11. 　　如果 $i \bmod p = 0$：

12. 　　　　归一化 w 权重。

13. 　　　　根据阈值 θ 删除集成模型 H 中的分类器。

14. 　　　　如果 $G \neq y_i$：

15. 　　　　　　$t = t + 1$

16. 　　　　　　创建新的基分类器 h_t。

17. 　　　　　　设置权重 $w_t = 1$。

18. 　　循环 $t = 1, 2, \cdots, T$：

19. 　　　　使用样本 (x_i, y_i) 对基分类器 h_t 进行训练。

20. 　　得到 G

21. 结束

输出：最终的集成结果 G。

累积专家集成（additive expert ensembles，AddExp）算法与 DMW 类似，如表 5.15 所示。区别在于 AddExp 取消了时间间隔参数 p，因此每当基分类器对一个新样本进行错误分类时，权重就会更新，而不需要等待特定的时间点才更新。当整个集成模型的预测出现错误时，一个新的分类器会被添加。当添加分类器超过预先设定的最大集成规模时，存在时间最久的分类器会被删除。当然，这可能不是处理动态数据的最好策略，因为旧的分类器可能仍然表现良好。实际应用上还可以考虑修剪掉性能权重最低的分类器。

表 5.15　累积专家集成算法的主要步骤

输入：数据流 $\{(x_i, y_i)\}_{i=1}^{n}$，$(y \in \mathcal{Y})$，标签总数 $C(C > 2)$，权重降低系数 $\beta \in [0,1]$，新分类器权重 $\gamma \in [0,1]$。

步骤：

1. 设置初始分类器数量 $N_1 = 1$。

2. 设置初始分类器权重 $w_{1,1} = 1$。

3. 循环 $i = 1, \cdots, n$：

4. 　获得基分类器预测结果 $\xi_{i,1}, \cdots, \xi_{i,N_i} \in Y$。

5. 　输出预测结果 $\hat{y}_i = \mathrm{argmax}_{c \in Y} \sum_{t=1}^{N_i} w_{i,t}(c = \xi_{i,t})$。

6. 　更新专家权重 $w_{i+1,t} = w_{i,t}\beta^{(y_i \neq \xi_{i,t})}$。

7. 　如果 $\hat{y}_i \neq y_i$：

8.	增加新分类器，$N_{i+1} = N_i + 1$。
9.	$w_{i+1}, N_{i+1} = \gamma \sum_{t=1}^{N_i} w_{i,t}$
10.	使用 (x_i, y_i) 对每个分类器进行训练。
11. 结束	

输出：最终的集成结果。

概念迁移委员会(concept drift committee，CDC)与 DWM 和 AddExp 一样维护与更新一组基分类器的权重。主要区别和步骤在于：①它不是在出现误分类时用常数 β 更新权重，而是根据最后 n 个样本上的准确率等比更新权重；②每当有新的训练样本到达时就会添加一个新的分类器，而不是只有在集成模型对当前训练样本进行误分类时才添加；③当模型已达到预设的最大集成规模时，只有当现有的分类器可以删除时才会添加新的分类器；④如果一个分类器的权重低于阈值 t，且其存在时间高于预设的"成熟年龄"，则可以将其删除；⑤不够"成熟"的分类器不参与集成模型的预测，而是要进一步训练，不影响集成模型的泛化能力。

在线精度更新集成(online accuracy updated ensemble，OAUE)是增量算法 AUE 的在线学习扩展版本。它为了更高效地处理接收的单个样本和为组件分类器赋权，引入了新的成本效益函数。该算法在预测精度、内存使用和学习速度之间实现了良好的权衡。

基于前序行为的加权窗口(weighted windows with follow the leading hisotry，WWH)算法在重叠窗口上训练不同的基分类器以选择最佳的学习样本,然后与 DWM 类似融合基分类器的预测结果。WWH 可以看作一种样本选择窗口技术与自适应集成算法的结合算法。

主动的在线集成算法不像被动算法那么普遍，但也有一些这类算法的专门研究。这类算法的最大优点就是使用概念迁移检测器，明确告知概念迁移的发生，这样可以在发现概念迁移后迅速做出反应。因此检测器的性能对于主动集成学习算法来说是至关重要的。

自适应分类器集成(adaptive classifiers-ensemble，ACE)是一种结合了增量学习和在线学习的主动集成算法。这种算法使用在线集成学习分类器来不断学习新的训练样本，同时使用存储起来的旧数据块来训练多个增量集成学习分类器。这些增量集成学习分类器同时参与预测和概念迁移检测。对于迁移检测部分，如果最准确的增量集成学习分类器在最近期的 W 个样本 $\{x_t, x_{t-1}, \cdots, x_{t-W+1}\}$ 上的准确率与再往前推 W 个样本 $\{x_{t-W}, x_{t-W-1}, \cdots, x_{t-2W+1}\}$ 的准确率显著不同，那么 ACE 确认存在概念迁移。每当检测到概念迁移或达到存储在缓冲器中的最大训练样本数量时，算法就会用存储的样本训练一个新的增量分类器，并重置在线分类器和缓冲器。ACE 使用剪枝方法来限制所使用的增量集成分类器的数量。这种剪枝方法优先删除旧的分类器，除非它们在很长一段时间内保持最高的准确率。这样，该算法能够很好地识别重复出现的概念。ACE 最终的分类输出结果是通过加权多数投票得到的。每个基分类器的权重由其在最近的 W 个样本上的准确率决定。如果准确率低于准确率置信区间的下端点，则权重为零。由于存储实例的缓冲区的大小与滑动窗口 W 的大小无关，即使缓冲区很大，ACE 也能对突然的变化做出及时响应。但是确定滑动窗口的大小 W 并不容易。

用于学习和检测概念迁移的双在线分类器(two online classifiers for learning and detecting concept drift，Todi)使用两个在线学习分类器来检测概念迁移。其中，一个分类器(H_0)在每次检测到迁移时都会被重新构建。另一个分类器(H_1)在检测到迁移时不重建，但如果迁移被确认，它会被当前的 H_0 取代。Todi 检测概念迁移的方法是采用统计测试，比较 H_0 在最近期的 W 个样本上的准确率和 W 个样本以前的所有样本上的准确率。在检测到概念迁移后，进行显著性水平为 β 的等比统计检验，比较 H_0 和 H_1 自开始训练 H_0 以来正确分类的训练样本的数量。如果检测到显著差异，这意味着 H_0 成功地处理了概念迁移，并且确认了概念迁移的发生。然后用 H_0 取代 H_1 并重建 H_0。模型最终的结果输出是选用对最近期的 W 个训练样本分类最准确的分类器的结果。Todi 在处理迁移误报方面比其他算法在检测到迁移后重置整个学习系统的策略更有优势。

另一个在线集成算法 DDD(diversity for dealing with drifts)是专门利用基分类器间的多样性来处理概念迁移的方法。DDD 的提出是基于以下发现的：一般多样性高的集成模型在静态环境下预测性能不高，但在有概念迁移时会变得有用。因此在检测到概念迁移之前，DDD 同时维护着两个集成模型——一个低多样性集成模型和一个高多样性集成模型。低多样性集成模型用于训练和预测，高多样性集成模型用于训练且仅在检测到概念迁移后才激活预测功能。概念迁移可以使用任何现有的主动算法进行检测。一旦检测到概念迁移，DDD 就会进入迁移检测后的模式，即同时激活低多样性和高多样性两个集成模型，并创建新的低多样性和高多样性集成模型，开始从头学习新概念。DDD 给出的预测是对除了最近构建的高多样性集成模型以外的三个集成模型再做集成，它们的加权多数投票作为最终输出。每个集成模型的权重由它自检测到迁移以来的顺序预测准确率(prequential accuracy)决定。这种方法在处理不同类型的概念迁移和迁移误报问题上都表现出较好的性能。不过由于它是在集成模型基础上再集成，所以使用起来不够高效。

此类型的最后一种算法是基于在线装袋法，称为 ADWINBagging。它在装袋法的基础上引入 ADWIN 作为概念迁移检测器。当 ADWIN 检测到集成模型的预测精度明显下降时，集成模型的基分类器将被重置。

5.2.5　数据流的回归算法

回归分析是一种估计连续值因变量和一组自变量之间函数关系的技术。统计学、模式识别、机器学习和数据挖掘领域对回归分析都有广泛的研究。不过相比之下，能够解决回归问题的算法比分类问题少很多。表 5.16 给出了现下能够针对数据流学习回归函数的一些具体算法。可以看到，前面提到的用于处理静态数据流的在线装袋法、在线提升法和累积专家集成算法 AddExp 都可用于回归问题。对于分类问题，AddExp 通过加权多数投票进行预测；每当一个基分类器对一个训练样本误分类时，相关权重就会根据因子 β（$0 \leqslant \beta < 1$）而削弱。而对于回归问题，AddExp 使用加权平均法输出连续值；基回归器的权重以 $\beta^{|\hat{y}-y|}$ 为因子被更新，其中，$\hat{y}$ 是基回归器给出的预测值，y 是真实值。除此之外，表 5.16 列举了几种专门针对数据流回归集成问题提出的算法以供读者参考。

表 5.16　数据流回归集成算法

算法	描述
Online Bagging (Oza et al., 2001)	在线装袋法可用于回归
Online Boosting (Oza et al., 2001)	在线提升法可用于回归
AddExp (Kolter et al., 2005)	累积专家集成算法可用于回归
ILLSA (Kadlec et al., 2011)	增量局部学习软传感算法
eFIMT-DD (Ikonomovska et al., 2015)	任意时间模型树集成
AMRules (Duarte et al., 2016)	随机自适应模型规则集成
iSOUP-Tree-MTR (Osojnik et al., 2016)	全局和局部树集成
DCL (Minku et al., 2012a)	动态跨组织学习
Dycom (Minku et al., 2014)	动态跨组织映射模型学习
LGPC (Xiao et al., 2013)	惰性高斯过程委员会
OWE (Soares et al., 2015a)	回归模型的在线加权集成
DOER (Soares et al., 2015b)	动态在线集成回归

参 考 文 献

孙友强, 2014. 时间序列数据挖掘中的维数约简与预测方法研究. 合肥: 中国科学技术大学.

Abe N, Zadrozny B, Langford J, 2006. Outlier detection by active learning//Proceedings of the 12th ACM SIGKDD International Conference on Knowledge Discovery and Data Mining. Philadelphia. New York: ACM: 504-509.

Aha D W, Kibler D, Albert M K, 1991. Instance-based learning algorithms. Machine Learning, 6(1): 37-66.

Ailon N, Charikar M, Newman A, 2008. Aggregating inconsistent information: ranking and clustering. Journal of the ACM, 55(5): 1-27.

Ali K M, Pazzani M J, 1995. On the link between error correlation and error reduction in decision tree ensembles. Irvine: University of California.

Alippi C, Boracchi G, Roveri M, 2010. Change detection tests using the ICI rule//The 2010 International Joint Conference on Neural Networks(IJCNN). Barcelona: 1-7.

Analoui M, Sadighian N, 2006. Solving cluster ensemble problems by correlation's matrix & GA//International Conference on Intelligent Information Processing. Boston: Springer: 227-231.

Azimi J, Abdoos M, Analoui M, 2007. A new efficient approach in clustering ensembles//International Conference on Intelligent Data Engineering and Automated Learning. Berlin: Springer: 395-405.

Baena-García M, Campo-Ávila J D, Fidalgo R, et al., 2006. Early drift detection method. International Workshop on Knowledge Discovery from Data Streams. 6: 77-86.

Bagnall A, Janacek G, 2005. Clustering time series with clipped data. Machine Learning, 58(2): 151-178.

Bagnall A, Ratanamahatana C, Keogh E, et al., 2006. A bit level representation for time series data mining with shape based similarity. Data Mining and Knowledge Discovery, 13(1): 11-40.

Bagnall A, Lines J, Hills J, et al., 2015. Time-series classification with COTE: the collective of transformation-based ensembles. IEEE Transactions on Knowledge and Data Engineering, 27(9): 2522-2535.

Baum L E, Eagon J A, 1967. An inequality with applications to statistical estimation for probabilistic functions of Markov processes and to a model for ecology. Bulletin of the American Mathematical Society, 73(3): 360-363.

Baum L E, Sell G, 1968. Growth transformations for functions on manifolds. Pacific Journal of Mathematics, 27(2): 211-227.

Baydogan M G, Runger G, 2016. Time series representation and similarity based on local autopatterns. Data Mining and Knowledge Discovery, 30(2): 476-509.

Bengio Y, Frasconi P, Simard P, 1993. The problem of learning long-term dependencies in recurrent networks//IEEE International Conference on Neural Networks. San Francisco: 1183-1188.

Bifet A, Gavaldà R, 2007. Learning from time-changing data with adaptive windowing//Proceedings of the 2007 SIAM International Conference on Data Mining. Philadelphia: 443-448.

Bifet A, Holmes G, Pfahringer B, et al., 2009. New ensemble methods for evolving data streams//Proceedings of the 15th ACM SIGKDD International Conference on Knowledge Discovery and Data Mining. Paris: 139-148.

Bifet A, Frank E, Holmes G, et al., 2010. Accurate ensembles for data streams: combining restricted Hoeffding trees using stacking//Proceedings of 2nd Asian Conference on Machine Learning. Tokyo: 225-240.

Bifet A, Holmes G, Pfahringer B, 2010. Leveraging bagging for evolving data streams//Joint European Conference on Machine Learning and Knowledge Discovery in Databases. Berlin: Springer: 135-150.

Bishop C M, 1995. Neural Networks for Pattern Recognition. Oxford: Oxford University Press.

Box G E P, Jenkins G M, Reinsel G C, 2015. Time series analysis: forecasting and control. New Jersey: John Wiley & Sons.

Breiman L, 1996. Bagging predictors. Machine Learning, 24(2): 123-140.

Breiman L, 2001. Random forests. Machine Learning, 45(1): 5-32.

Brown G, Wyatt J L, Tiño P, 2005. Managing diversity in regression ensembles. Journal of Machine Learning Research, 6: 1621-1650.

Brzezinski D, Stefanowski J, 2014a. Combining block-based and online methods in learning ensembles from concept drifting data streams. Information Sciences, 265: 50-67.

Brzezinski D, Stefanowski J, 2014b. Reacting to different types of concept drift: the accuracy updated ensemble algorithm. IEEE Transactions on Neural Networks and Learning Systems, 25(1): 81-94.

Bühlmann P, Yu B, 2003. Boosting with the L_2 Loss. Journal of the American Statistical Association, 98(462): 324-339.

Cao H, Li X L, Woon D Y K, et al., 2013. Integrated oversampling for imbalanced time series classification. IEEE Transactions on Knowledge and Data Engineering, 25(12): 2809-2822.

Cetin M S, Mueen A, Calhoun V D, 2015. Shapelet ensemble for multi-dimensional time series//Proceedings of the 2015 SIAM International Conference on Data Mining. Philadelphia: 307-315.

Chakrabarti K, Keogh E, Mehrotra S, et al., 2002. Locally adaptive dimensionality reduction for indexing large time series databases. ACM Transactions on Database Systems, 27(2): 188-228.

Chandola V, Banerjee A, Kumar V, 2009. Anomaly detection: a survey. ACM Computing Surveys, 41(3): 1-58.

Chatfield C, 2003. The analysis of time series: an introduction. 6th ed. New York: Chapman and hall/CRC.

Chen T Q, Guestrin C, 2016. XGBoost: a scalable tree boosting system//Proceedings of the 22nd ACM SIGKDD International Conference on Knowledge Discovery and Data Mining. San Francisco: 785-794.

Chen T, Kornblith S, Norouzi M, et al., 2020. A simple framework for contrastive learning of visual representations//International Conference on Machine Learning. PMLR: 1597-1607.

Chen W, Chang S F, 1999. Motion trajectory matching of video objects//Proceedings of SPIE 3972, Storage and Retrieval for Media Databases: 544-553.

Chen X L, He K M, 2021. Exploring simple Siamese representation learning//2021 IEEE/CVF Conference on Computer Vision and Pattern Recognition(CVPR). Nashville: 15745-15753.

Chu F, Zaniolo C, 2004. Fast and light boosting for adaptive mining of data streams//Pacific-Asia Conference on Knowledge Discovery and Data Mining. Heidelberg: Springer: 282-292.

Chung J, Gulcehre C, Cho K, et al., 2015. Gated feedback recurrent neural networks.International Conference on Machine Learning, PMLR: 2067-2075.

Chung Y S, Hsu D F, Tang C Y, 2007. On the diversity-performance relationship for majority voting in classifier ensembles//International Workshop on Multiple Classifier Systems. Heidelberg: Springer: 407-420.

Cohen L, Avrahami-Bakish G, Last M, et al., 2008. Real-time data mining of non-stationary data streams from sensor networks.

Information Fusion, 9 (3): 344-353.

Cui Z C, Chen W L, Chen Y X, 2016. Multi-scale convolutional neural networks for time series classification. [2016-05-11]. https: //arxiv. org/abs/1603. 06995.

Cunningham P, Carney J, 2000. Diversity versus quality in classification ensembles based on feature selection. Heidelberg: Springer: 109-116.

Dempster A P, Laird N M, Rubin D B, 1977. Maximum likelihood from incomplete data via the EM algorithm. Journal of the Royal Statistical Society: Series B (Methodological), 39 (1): 1-22.

Deng H T, Runger G, Tuv E, et al., 2013. A time series forest for classification and feature extraction. Information Sciences, 239: 142-153.

Denil M, Matheson D, de Freitas N, 2013. Consistency of online random forests. [2013-05-08]. https: //arxiv. org/abs/1302. 4853.

Diebold F X, Pauly P, 1987. Structural change and the combination of forecasts. Journal of Forecasting, 6 (1): 21-40.

Dietterich T G, 2000a. An experimental comparison of three methods for constructing ensembles of decision trees: bagging, boosting, and randomization. Machine Learning, 40 (2): 139-157.

Dietterich T G, 2000b. Ensemble methods in machine learning//Multiple Classifier Systems. Heidelberg: Springer: 1-15.

Dimitrova N, Golshani F, 1995. Motion recovery for video content classification. ACM Transactions on Information Systems, 13 (4): 408-439.

Ditzler G, Polikar R, 2010. An ensemble based incremental learning framework for concept drift and class imbalance//The 2010 International Joint Conference on Neural Networks (IJCNN). Barcelona: 1-8.

Du L, Song Q, Zhu L, et al., 2015. A selective detector ensemble for concept drift detection. The Computer Journal, 58 (3): 457-471.

Duarte J, Gama J, Bifet A, 2016. Adaptive model rules from high-speed data streams. ACM Transactions on Knowledge Discovery from Data, 10 (3): 1-22.

Duda R O, Hart P E, Stork D G, 1973. Pattern classification and scene analysis. New York: Wiley.

Dudoit S, Fridlyand J, 2003. Bagging to improve the accuracy of a clustering procedure. Bioinformatics, 19 (9): 1090-1099.

Faloutsos C, Ranganathan M, Manolopoulos Y, 1994. Fast subsequence matching in time-series databases. ACM Sigmod Record, 23 (2): 419-429.

Fawaz H I, Lucas B, Forestier G, et al., 2020. InceptionTime: finding AlexNet for time series classification. Data Mining and Knowledge Discovery, 34 (6): 1936-1962.

Fayyad U, Piatetsky-Shapiro G, Smyth P, 1996. From data mining to knowledge discovery in databases. AI Magazine, 17 (3): 37-37.

Fern X Z, Brodley C E, 2004. Solving cluster ensemble problems by bipartite graph partitioning//Proceedings of the Twenty-First International Conference on Machine Learning. New York: ACM: 36-44.

Fischer B, Buhmann J M, 2003a. Bagging for path-based clustering. IEEE Transactions on Pattern Analysis and Machine Intelligence, 25 (11): 1411-1415.

Fischer B, Buhmann J M, 2003b. Path-based clustering for grouping of smooth curves and texture segmentation. IEEE Transactions on Pattern Analysis and Machine Intelligence, 25 (4): 513-518.

Fleiss J L, Levin B, Paik M C, 2013. Statistical Methods for Rates and Proportions. New Jersey: John Wiley & Sons.

Forney G D, 1973. The viterbi algorithm. Proceedings of the IEEE, 61 (3): 268-278.

Fred A L N, Jain A K, 2005. Combining multiple clusterings using evidence accumulation. IEEE Transactions on Pattern Analysis and Machine Intelligence, 27 (6): 835-850.

Fred A, 2001. Finding consistent clusters in data partitions//Multiple Classifier Systems. Heidelberg: Springer: 309-318.

Freund Y, Schapire R E, 1997. A decision-theoretic generalization of on-line learning and an application to boosting. Journal of Computer and System Sciences, 55(1): 119-139.

Friedman J H, 2002. Stochastic gradient boosting. Computational Statistics & Data Analysis, 38(4): 367-378.

Friedman J H, Rafsky L C, 1979. Multivariate generalizations of the Wald-Wolfowitz and Smirnov two-sample tests. The Annals of Statistics, 7(4): 697-717.

Friedman J H, Hastie T, Tibshirani R, 2000. Additive logistic regression: a statistical view of boosting(with discussion and a rejoinder by the authors). The Annals of Statistics, 28(2): 337-407.

Fumera G, Roli F, 2005. A theoretical and experimental analysis of linear combiners for multiple classifier systems. IEEE Transactions on Pattern Analysis and Machine Intelligence, 27(6): 942-956.

Galicia A, Talavera-Llames R, Troncoso A, et al., 2019. Multi-step forecasting for big data time series based on ensemble learning. Knowledge-Based Systems, 163: 830-841.

Gama J, Medas P, Castillo G, et al., 2004. Learning with drift detection//Brazilian Symposium on Artificial Intelligence. Heidelberg: Springer: 286-295.

Gama J, Medas P, Rodrigues P, 2005. Learning decision trees from dynamic data streams//Proceedings of the 2005 ACM Symposium on Applied Computing. New York: ACM: 573-577.

Gama J, Žliobaitė I, Bifet A, et al., 2014. A survey on concept drift adaptation. ACM Computing Surveys, 46(4): 1-37.

Garcia-Pedrajas N, Hervas-Martinez C, Ortiz-Boyer D, 2005. Cooperative coevolution of artificial neural network ensembles for pattern classification. IEEE Transactions on Evolutionary Computation, 9(3): 271-302.

Gavrilov M, Anguelov D, Indyk P, et al., 2000. Mining the stock market(extended abstract): which measure is best?//Proceedings of the Sixth ACM SIGKDD International Conference on Knowledge Discovery and Data Mining. Boston: 487-496.

Gers F A, Schraudolph N, Schmidhuber J, 2003. Learning precise timing with LSTM recurrent networks. Journal of Machine Learning Research, 3: 115-143.

Ghaemi R, Sulaiman M N, Ibrahim H, et al., 2009. A survey: clustering ensembles techniques. International Journal of Computer and Information Engineering, 3(2): 365-374.

Giacinto G, Roli F, 2001. Design of effective neural network ensembles for image classification purposes. Image and Vision Computing, 19(9): 699-707.

Gidaris S, Singh P, Komodakis N, 2018. Unsupervised representation learning by predicting image rotations. [2018-05-21]. https: //arxiv. org/abs/1803. 07728.

Gionis A, Mannila H, Tsaparas P, 2007. Clustering aggregation. ACM Transactions on Knowledge Discovery from Data(TKDD), 1(1): 4.

Golab L, Özsu M T, 2003. Issues in data stream management. ACM Sigmod Record, 32(2): 5-14.

Gomes H M, Barddal J P, Enembreck F, et al., 2017. A survey on ensemble learning for data stream classification. ACM Computing Surveys, 50(2): 23. 1-23. 36.

Gong Z C, Chen H H, Yuan B, et al., 2019. Multiobjective learning in the model space for time series classification. IEEE Transactions on Cybernetics, 49(3): 918-932.

Greiner R, Grove A J, Roth D J A I, 2002. Learning cost-sensitive active classifiers. Artificial Intelligence, 139(2): 137-174.

Hajirahimi Z, Khashei M, 2019. Hybrid structures in time series modeling and forecasting: a review. Engineering Applications of

Artificial Intelligence, 86: 83-106.

Halkidi M, Batistakis Y, Vazirgiannis M, 2002. Cluster validity methods. ACM Sigmod Record, 31(2): 40-45.

Han J W, Kamber M, Pei J, 2011. Data Mining: Concepts and Techniques. 3rd ed. Cambridge: Morgan Kaufmann.

Hansen L K, Salamon P, 1990. Neural network ensembles. IEEE Transactions on Pattern Analysis and Machine Intelligence, 12(10): 993-1001.

Haque A, Khan L, Baron M, 2016. SAND: Semi-Supervised Adaptive Novel Class Detection and Classification Over Data Stream. Palo Alto: AAAI Press.

He K M, Fan H Q, Wu Y X, et al., 2020. Momentum contrast for unsupervised visual representation learning//2020 IEEE/CVF Conference on Computer Vision and Pattern Recognition(CVPR). JSeattle: 9726-9735.

Henzinger M, Raghavan P, Rajagopalan S, 1998. Computing on Data Streams//External Memory Algorithms. American Mathematical Society, Providence RI: 107-118.

Hihi S E, Bengio Y, 1995. Hierarchical recurrent neural networks for long-term dependencies//Proceedings of the 8th International Conference on Neural Information Processing Systems. Cambridge: MIT Press: 493-499.

Hotelling H, 1992. The generalization of student's ratio//Springer Series in Statistics. New York: Springer: 54-65.

Huang S J, Shih K R, 2003. Short-term load forecasting via ARMA model identification including non-Gaussian process considerations. IEEE Transactions on Power Systems, 18(2): 673-679.

Ikonomovska E, Gama J, Džeroski S, 2015. Online tree-based ensembles and option trees for regression on evolving data streams. Neurocomputing, 150: 458-470.

Jing L L, Tian Y L, 2021. Self-supervised visual feature learning with deep neural networks: a survey. IEEE Transactions on Pattern Analysis and Machine Intelligence, 43(11): 4037-4058.

Juang B H, Rabiner L R, 1985. A probabilistic distance measure for hidden Markov models. AT&T Technical Journal, 64(2): 391-408.

Kadlec P, Gabrys B, 2011. Local learning-based adaptive soft sensor for catalyst activation prediction. AIChE Journal, 57(5): 1288-1301.

Karim F, Majumdar S, Darabi H, 2019. Insights into LSTM fully convolutional networks for time series classification. IEEE Access, 7: 67718-67725.

Karypis G, Kumar V, 1998. A fast and high quality multilevel scheme for partitioning irregular graphs. SIAM Journal on Scientific Computing, 20(1): 359-392.

Kearns M, Valiant L G, 1989. Crytographic limitations on learning Boolean formulae and finite automata//Proceedings of the Twenty-First Annual ACM Symposium on Theory of Computing. New York: ACM: 433-444.

Kellam P, Liu X H, Martin N, et al., 2001. Comparing, contrasting and combining clusters in viral gene expression data//Proceedings of 6th Workshop on Intelligent Data Analysis in Medicine and Pharmocology. London: 56-62.

Keogh E, 2005. Data mining and machine learning in time series databases//Proceedings of the 5th Industrial Conference on Data Mining(ICDM). Leipziy: 1-8.

Keogh E J, Pazzani M J, 2000. A simple dimensionality reduction technique for fast similarity search in large time series databases//Knowledge Discovery and Data Mining. Heidelberg: Springer: 122-133.

Khorram-Nia R, Karimi-Khorami S, 2015. Short term load forecasting in power systems using a hybrid approach based on SVR technique. Journal of Intelligent & Fuzzy Systems, 29(1): 119-125.

Kidera T, Ozawa S, Abe S, 2006. An incremental learning algorithm of ensemble classifier systems//The 2006 IEEE International Joint Conference on Neural Network Proceedings. Vancouver: 3421-3427.

Kohavi R, Wolpert D, 1996. Bias plus variance decomposition for zero-one loss functions. ICML, 96: 275-283.

Kolter J Z, Maloof M A, 2005. Using additive expert ensembles to cope with concept drift//Proceedings of the 22nd International Conference on Machine Learning. New York: ACM Press.

Kolter J Z, Maloof M A, 2007. Dynamic weighted majority: an ensemble method for drifting concepts. Journal of Machine Learning Research, 8: 2755-2790.

Kosina P, Gama J, Sebastiao R, 2010. Drift severity metric//European Conference on Artificial Intelligence. Amsterdam: IOS Press: 1119-1120.

Krawczyk B, Minku L L, Gama J, et al., 2017. Ensemble learning for data stream analysis: a survey. Information Fusion, 37: 132-156.

Krogh A, Vedelsby J, 1994. Neural network ensembles, cross validation, and active learning//Proceedings of the 7th International Conference on Neural Information Processing Systems. Denver: 231-238.

Kuncheva L I, 2002. A theoretical study on six classifier fusion strategies. IEEE Transactions on Pattern Analysis and Machine Intelligence, 24(2): 281-286.

Kuncheva L I, Whitaker C J, 2003. Measures of diversity in classifier ensembles and their relationship with the ensemble accuracy. Machine Learning, 51(2): 181-207.

Lakshminarayanan B, Roy D M, Teh Y W, 2015. Mondrian forests: efficient online random forests. [2015-02-16]. https: //arxiv. org/abs/1406. 2673.

Lan Y, Soh Y C, Huang G B, 2009. Ensemble of online sequential extreme learning machine. Neurocomputing, 72(13/14/15): 3391-3395.

Larsson G, Maire M, Shakhnarovich G, 2017. Colorization as a proxy task for visual understanding//2017 IEEE Conference on Computer Vision and Pattern Recognition. Honolulu: 840-849.

LeCun Y, Bengio Y, 1998. Convolutional networks for images, speech, and time series. Cambridge: MIT Press.

LeCun Y, Bengio Y, Hinton G, 2015. Deep learning. Nature, 521(7553): 436-444.

Lee H K H, Clyde M A, 2004. Lossless online Bayesian bagging. Journal of Machine Learning Research, 5: 143-151.

Li C X, Marlin B, 2020. Learning from irregularly-sampled time series: A missing data perspective. [2020-08-17]. https: //arxiv. org/abs/2008. 07599v1.

Lin J, Keogh E, Lonardi S, et al., 2002. A symbolic representation of time series with implications for streaming algorithms//Proceedings of the 8th ACM SIGMOD Workshop on Research Issues in Data Mining Knowledge Discovery. San Diego: 2-11.

Lin S D, Runger G C, 2018. GCRNN: group-constrained convolutional recurrent neural network. IEEE Transactions on Neural Networks and Learning Systems, 29(10): 4709-4718.

Lines J, Bagnall A, 2015. Time series classification with ensembles of elastic distance measures. Data Mining and Knowledge Discovery, 29(3): 565-592.

Lines J, Taylor S, Bagnall A J, 2018. Time series classification with HIVE-COTE: the hierarchical vote collective of transformation-based ensembles. ACM Transactions on Knowledge Discovery from Data, 12(5): 51-52.

Littlestone N, Warmuth M K, 1994. The weighted majority algorithm. Information and Computation, 108(2): 212-261.

Liu Y, Yao X, 1999. Ensemble learning via negative correlation. Neural Networks, 12(10): 1399-1404.

Liu Y, Yao X, Higuchi T, 2000. Evolutionary ensembles with negative correlation learning. IEEE Transactions on Evolutionary Computation, 4(4): 380-387.

Luo H L, Jing F R, Xie X B, 2006. Combining multiple clusterings using information theory based genetic algorithm//2006 International Conference on Computational Intelligence and Security. Guangzhou: 84-89.

Ma J, Cheng J C P, Lin C Q, et al., 2019. Improving air quality prediction accuracy at larger temporal resolutions using deep learning and transfer learning techniques. Atmospheric Environment, 214: 116885.

Maciel B I F, Santos S G T C, Barros R S M, 2015. A lightweight concept drift detection ensemble//2015 IEEE 27th International Conference on Tools with Artificial Intelligence (ICTAI). Vietri sul Mare: 1061-1068.

Markou M, Singh S, 2003. Novelty detection: a review—part 1: statistical approaches. Signal Processing, 83(12): 2481-2497.

Marteau P F, 2009. Time warp edit distance with stiffness adjustment for time series matching. IEEE Transactions on Pattern Analysis and Machine Intelligence, 31(2): 306-318.

Melville P, Mooney R J, 2004. Diverse ensembles for active learning//Proceedings of the twenty-first International Conference on Machine Learning. Banff: ACM: 74-82.

Mikalsen K Ø, Bianchi F M, Soguero-Ruiz C, et al., 2018. Time series cluster kernel for learning similarities between multivariate time series with missing data. Pattern Recognition, 76: 569-581.

Minku F L, Inoue H, Yao X, 2009. Negative correlation in incremental learning. Natural Computing, 8(2): 289-320.

Minku L L, White A P, Yao X, 2010. The impact of diversity on online ensemble learning in the presence of concept drift. IEEE Transactions on Knowledge and Data Engineering, 22(5): 730-742.

Minku L L, Yao X, 2012a. Can cross-company data improve performance in software effort estimation?//Proceedings of the 8th International Conference on Predictive Models in Software Engineering. Lund Sweden: ACM: 69-78.

Minku L L, Yao X, 2012b. DDD: a new ensemble approach for dealing with concept drift. IEEE Transactions on Knowledge and Data Engineering, 24(4): 619-633.

Minku L L, Yao X, 2014. How to make best use of cross-company data in software effort estimation?//Proceedings of the 36th International Conference on Software Engineering. Hyderabad: ACM: 446-456.

Mitchell T M, 1997. Machine learning. New York: McGraw-hill.

Monti S, Tamayo P, Mesirov J, et al., 2003. Consensus clustering: a resampling-based method for class discovery and visualization of gene expression microarray data. Machine Learning, 52(1): 91-118.

Murphy K, 2002. Dynamic Bayesian networks: representation, inference and learning. Berkeley: University of California.

Ng A Y, Jordan M J, Weiss Y, 2001. On Spectral Clustering: Analysis and an Algorithm//Advances in Neural Information Processing Systems. Cambridge: MIT Press: 849-856.

Nishida K, 2008. Learning and detecting concept drift. Sapporo: Hokkaido University.

Nishida K, Yamauchi K, 2007. Adaptive classifiers-ensemble system for tracking concept drift//2007 International Conference on Machine Learning and Cybernetics. Hong Kong: 3607-3612.

Noroozi M, Favaro P, 2016. Unsupervised learning of visual representations by solving jigsaw puzzles//European Conference on Computer Vision. Cham: Springer: 69-84.

Osojnik A, Panov P, Džeroski S, 2016. Comparison of tree-based methods for multi-target regression on data streams//Ceci M, Loglisci C, Manco G, et al. International Workshop on New Frontiers in Mining Complex Patterns. Cham: Springer: 17-31.

Oza N C, Russell S J, 2001. Online bagging and boosting//2005 IEEE International Conference on Systems, Man and Cybernetics.

Waikoloa.

Panuccio A, Bicego M, Murino V, 2002. A Hidden Markov Model-based Approach to Sequential Data Clustering. IAPR International Workshops on Statistical Techniques in Pattern Recognition (SPR) and Structural and Syntactic Pattern Recognition (SSPR). Windser: Springer.

Partridge D, Krzanowski W, 1997. Software diversity: practical statistics for its measurement and exploitation. Information and Software Technology, 39 (10): 707-717.

Pascanu R, Mikolov T, Bengio Y, 2013. On the difficulty of training recurrent neural networks. [2013-02-16]. https: //arxiv. org/abs/1211. 5063.

Pei J, Han J W, Mortazavi-Asl B, et al., 2004. Mining sequential patterns by pattern-growth: the PrefixSpan approach. IEEE Transactions on Knowledge and Data Engineering, 16 (11): 1424-1440.

Pfahringer B, Holmes G, Kirkby R, 2007. New options for hoeffding trees//AI 2007: Advances in Artificial Intelligence. Heidelberg: Springer: 90-99.

Policker S, Geva A B, 2000. Nonstationary time series analysis by temporal clustering. IEEE Transactions on Systems, Man, and Cybernetics, Part B (Cybernetics), 30 (2): 339-343.

Polikar R, 2006. Ensemble based systems in decision making. IEEE Circuits and Systems Magazine, 6 (3): 21-45.

Polikar R, Upda L, Upda S S, et al., 2001. Learn++: an incremental learning algorithm for supervised neural networks. IEEE Transactions on Systems, Man, and Cybernetics, Part C (Applications and Reviews), 31 (4): 497-508.

Rafiee G, Dlay S S, Woo W L, 2013. Region-of-interest extraction in low depth of field images using ensemble clustering and difference of Gaussian approaches. Pattern Recognition, 46 (10): 2685-2699.

Ramamurthy S, Bhatnagar R, 2007. Tracking recurrent concept drift in streaming data using ensemble classifiers//Sixth International Conference on Machine Learning and Applications (ICMLA 2007). Cincinnati: 404-409.

Razavi-Far R, Farajzadeh-Zanajni M, Wang B Y, et al., 2021. Imputation-based ensemble techniques for class imbalance learning. IEEE Transactions on Knowledge and Data Engineering, 33 (5): 1988-2001.

Rutkowski L, Jaworski M, Duda P, 2020. Basic Concepts of Data Stream Mining//Stream Data Mining: Algorithms and Their Probabilistic Properties. Cham: Springer: 13-33.

Saffari A, Leistner C, Santner J, et al., 2009. On-line random forests//2009 IEEE 12th International Conference on Computer Vision Workshops, ICCV Workshops. Kyoto: 1393-1400.

Sagi O, Rokach L, 2018. Ensemble learning: a survey. Wires Data Mining and Knowledge Discovery, 8 (4): e1249.

Sahouria E, Zakhor A, 2002. Motion indexing of video//Proceedings of International Conference on Image Processing. Santa Barbara: 526-529.

Schapire R E, 1990. The strength of weak learnability. Machine Learning, 5 (2): 197-227.

Scholz M, Klinkenberg R, 2005. An ensemble classifier for drifting concepts//Proceedings of the Second International Workshop on Knowledge Discovery in Data Streams. Porto.

Schuster M, Paliwal K K, 1997. Bidirectional recurrent neural networks. IEEE Transactions on Signal Processing, 45 (11): 2673-2681.

Shipp C A, Kuncheva L I, 2002. Relationships between combination methods and measures of diversity in combining classifiers. Information Fusion, 3 (2): 135-148.

Silva J A, Faria E R, Barros R C, et al., 2013. Data stream clustering: a survey. ACM Computing Surveys (CSUR), 46 (1): 1-31.

Simão M A, Neto P, Gibaru O, 2017. Unsupervised gesture segmentation by motion detection of a real-time data stream. IEEE

Transactions on Industrial Informatics, 13(2): 473-481.

Sinkkonen J, Kaski S, 2002. Clustering based on conditional distributions in an auxiliary space. Neural Computation, 14(1): 217-239.

Skalak D B, 1996. The sources of increased accuracy for two proposed boosting algorithms//Proceedings of American Association for Artificial Intelligence, AAAI-96, Integrating Multiple Learned Models Workshop. Citeseer.

Smyth P, 1999. Probabilistic model-based clustering of multivariate and sequential data//Proceedings of the Seventh International Workshop on AI and Statistics. Citeseer.

Smyth P, Keogh E, 1997. Clustering and mode classification of engineering time series data//Proceedings of the 3rd International Conference on Knowledge Discovery and Data Mining. Citeseer.

Sneath P H A, 1973. The principles and practice of numerical classification. San Fransisco: Freeman: 573.

Soares S G, Araújo R, 2015a. A dynamic and on-line ensemble regression for changing environments. Expert Systems with Applications, 42(6): 2935-2948.

Soares S G, Araújo R, 2015b. An on-line weighted ensemble of regressor models to handle concept drifts. Engineering Applications of Artificial Intelligence, 37: 392-406.

Stanley K O, 2003. Learning concept drift with a committee of decision trees. Austin: University of Texas at Austin.

Street W N, Kim Y, 2001. A streaming ensemble algorithm(SEA) for large-scale classification//Proceedings of the seventh ACM SIGKDD international conference on Knowledge discovery and data mining. San Francisco. New York: ACM: 377-382

Strehl A, Ghosh J, 2002. Cluster ensembles-a knowledge reuse framework for combining multiple partitions. Journal of Machine Learning Research, 3(3): 583-617.

Sun Y, Tang K, Minku L L, et al., 2016. Online ensemble learning of data streams with gradually evolved classes. IEEE Transactions on Knowledge and Data Engineering, 28(6): 1532-1545.

Theodoridis S, Koutroumbas K, 1999. Pattern Recognition. San Diego: Academic Press.

Tian Y L, Krishnan D, Isola P, 2020. Contrastive multiview coding. [2020-12-18]. https://arxiv.org/abs/1906.05849.

Topchy A, Jain A K, Punch W, 2003. Combining multiple weak clusterings//Third IEEE International Conference on Data Mining. Melbourne: 331-338.

Topchy A, Jain A K, Punch W, 2005. Clustering ensembles: models of consensus and weak partitions. IEEE Transactions on Pattern Analysis and Machine Intelligence, 27(12): 1866-1881.

Topchy A, Minaei-Bidgoli B, Jain A K, et al., 2004. Adaptive clustering ensembles//Proceedings of the 17th International Conference on Pattern Recognition. Cambridge: 272-275.

Tumer K, Ghosh J, 1996. Error correlation and error reduction in ensemble classifiers. Connection Science, 8(3/4): 385-404.

Ueda N, Nakano R, 1996. Generalization error of ensemble estimators//Proceedings of International Conference on Neural Networks(ICNN' 96). Washington: 90-95.

Vaswani A, hazeer N, Parmar N, et al., 2017. Attention is all you need. [2017-06-19]. https://arxiv.org/abs/1706.03762v2.

Viterbi A, 1967. Error bounds for convolutional codes and an asymptotically optimum decoding algorithm. IEEE Transactions on Information Theory, 13(2): 260-269.

Wagner T, Guha S, Kasiviswanathan S, et al., 2018. Semi-supervised learning on data streams via temporal label propagation//International Conference on Machine Learning. PMLR. Sweden.

Wang H X, Fan W, Yu P S, et al., 2003. Mining concept-drifting data streams using ensemble classifiers//Proceedings of the ninth ACM SIGKDD International Conference on Knowledge Discovery and Data Mining. Washington: ACM.

Wang J Z, Hu J M, Ma K L, et al., 2015. A self-adaptive hybrid approach for wind speed forecasting. Renewable Energy, 78: 374-385.

Wang S, Chen H H, Yao X, 2010. Negative correlation learning for classification ensembles//The 2010 International Joint Conference on Neural Networks (IJCNN). Barcelona: 1-8.

Wang S, Minku L L, Yao X, 2014. Resampling-based ensemble methods for online class imbalance learning. IEEE Transactions on Knowledge and Data Engineering, 27(5): 1356-1368.

Wang S, Minku L L, Yao X, 2018. A systematic study of online class imbalance learning with concept drift. IEEE Transactions on Neural Networks and Learning Systems, 29(10): 4802-4821.

Wang W, Zhou Z H, 2008. On multi-view active learning and the combination with semi-supervised learning//Proceedings of the 25th International Conference on Machine Learning – ICML '08. Helsinki. New York: ACM Press.

Wang Z G, Yan W Z, Oates T, 2017. Time series classification from scratch with deep neural networks: a strong baseline//2017 International Joint Conference on Neural Networks (IJCNN). Anchorage: 1578-1585.

Winston W L, 2022. Operations research: applications and algorithms. Belmont: Wadsworth Publishing Company.

Wolpert D H, 1992. Stacked generalization. Neural Networks, 5(2): 241-259.

Wolpert D H, 2002. The Supervised Learning No-Free-Lunch Theorems//Soft Computing and Industry. London: Springer: 25-42.

Woźniak M, 2013. Application of combined classifiers to data stream classification//Computer Information Systems and Industrial Management. Heidelberg: Springer: 13-23.

Xiao H, Eckert C, 2013. Lazy Gaussian process committee for real-time online regression. Proceedings of the AAAI Conference on Artificial Intelligence, 27(1): 969-976.

Xiao L, Dong Y X, Dong Y, 2018. An improved combination approach based on AdaBoost algorithm for wind speed time series forecasting. Energy Conversion and Management, 160: 273-288.

Xiong Y M, Yeung D Y, 2002. Mixtures of ARMA models for model-based time series clustering//2002 IEEE International Conference on Data Mining. Maebashi City: 717-720.

Yang J B, Shen K Q, Ong C J, et al., 2009. Feature selection for MLP neural network: the use of random permutation of probabilistic outputs. IEEE Transactions on Neural Networks, 20(12): 1911-1922.

Yang Q, Wu X, 2006. 10 challenging problems in data mining research. International Journal of Information Technology & Decision Making, 5(4): 597-604.

Yang Y, 2016. Temporal Data Mining Via Unsupervised Ensemble Learning. Amsterdam: Elsevier: 9-18.

Yang Y, Chen D S, 2006a. Clustering ensemble with multiple representations for temporal data clustering analysis. Manchester: University of Manchester.

Yang Y, Chen K, 2006b. An ensemble of competitive learning networks with different representations for temporal data clustering//The 2006 IEEE International Joint Conference on Neural Network Proceedings. Vancouver: 3120-3127.

Yang Y, Chen K, 2007. Combining competitive learning networks of various representations for sequential data clustering//Studies in Computational Intelligence. Heidelberg: Springer: 315-336.

Yang Y, Chen K, 2011. Temporal data clustering via weighted clustering ensemble with different representations. IEEE Transactions on Knowledge and Data Engineering, 23(2): 307-320.

Yang Y, Jiang J M, 2014. HMM-based hybrid meta-clustering ensemble for temporal data. Knowledge-Based Systems, 56: 299-310.

Yang Y, Jiang J M, 2018. Bi-weighted ensemble via HMM-based approaches for temporal data clustering. Pattern Recognition, 76: 391-403.

Yang Y, Guo J, Ye Q W, et al., 2021. A weighted multi-feature transfer learning framework for intelligent medical decision making. Applied Soft Computing, 105: 107242.

Ye L X, Keogh E, 2011. Time series shapelets: a novel technique that allows accurate, interpretable and fast classification. Data Mining and Knowledge Discovery, 22(1): 149-182.

Yoshida S I, Hatano K, Takimoto E, et al., 2011. Adaptive online prediction using weighted windows. IEICE Transactions on Information and Systems, E94-D(10): 1917-1923.

Yule G U, 1922. An introduction to the theory of statistics. London: Charles Griffin & Co.

Zhang G P, 2003. Time series forecasting using a hybrid ARIMA and neural network model. Neurocomputing, 50: 159-175.

Zhang Y P, Qu H A, Wang W P, et al., 2020. A novel fuzzy time series forecasting model based on multiple linear regression and time series clustering. Mathematical Problems in Engineering, 2020: 1-17.

Zhao Q L, Jiang Y H, Xu M, 2010. Incremental learning by heterogeneous bagging ensemble//Advanced Data Mining and Applications. Heidelberg: Springer: 1-12.

Zhao X M, Li X, Chen L N, et al., 2007. Protein classification with imbalanced data. Proteins: Structure, Function, and Bioinformatics, 70(4): 1125-1132.

Zheng Y, Liu Q, Chen E H, et al., 2014. Time series classification using multi-channels deep convolutional neural networks//Web-Age Information Management. Cham: Springer International Publishing: 298-310.

Zhong S, Ghosh J, 2003. A unified framework for model-based clustering. The Journal of Machine Learning Research, 4: 1001-1037.

Zhou Z H, 2012. Ensemble methods: foundations and algorithms. New York: CRC press.

Zhou Z H, Li M, 2005a. Tri-training: exploiting unlabeled data using three classifiers. IEEE Transactions on Knowledge and Data Engineering, 17(11): 1529-1541.

Zhou Z H, Li M, 2005b. Semi-supervised regression with co-training style algorithms//Proceedings of the Nineteenth International Joint Conference on Artificial Intelligence. Edmburgh.

Zhu L, Yu F R, Wang Y G, et al., 2019. Big data analytics in intelligent transportation systems: a survey. IEEE Transactions on Intelligent Transportation Systems, 20(1): 383-398.